四季戚风蛋糕和甜点

（日）青井聪子　著

王春梅　张　岚　译

U0209148

辽宁科学技术出版社

沈阳

图书在版编目（CIP）数据

四季戚风蛋糕和甜点／（日）青井聪子著；王春梅，张岚译. —沈阳：
辽宁科学技术出版社，2017.7
ISBN 978-7-5591-0102-0

Ⅰ.①四… Ⅱ.①青… ②王… ③张… Ⅲ.①蛋糕-糕点加工
Ⅳ.①TS213.23

中国版本图书馆 CIP 数据核字（2017）第 040898 号

出版发行：辽宁科学技术出版社
（地址：沈阳市和平区十一纬路 25 号　邮编：110003）
印 刷 者：沈阳市精华印刷有限公司
经 销 者：各地新华书店
幅面尺寸：170mm×240mm
印　　张：6
字　　数：100 千字
出版时间：2017 年 7 月第 1 版
印刷时间：2017 年 7 月第 1 次印刷
责任编辑：康　倩
封面设计：魔杰设计
版式设计：袁　舒
责任校对：李淑敏

书　　号：ISBN 978-7-5591-0102-0
定　　价：25.00元

投稿热线：024-23284367　康倩　987642119@qq.com
邮购热线：024-23284502

篇首语

在品尝自己创作的甜点时，我向来最为重视瞬间冲击而来的"美味"的感觉。每次与客人之间产生共鸣，都会让我体会到经营这家戚风蛋糕店的幸福与美好。我满怀着烘焙出美味戚风蛋糕的情怀，开设了这间小店。不知不觉，这家店已历经12年的岁月。

每个月，我都会在店铺附近的烘焙教室举办甜点的教学活动。除了戚风蛋糕以外，还会使用当季食材制作一些鲜奶油草莓蛋糕、泡芙、水果派、曲奇饼干等甜点。本书中介绍的配方，都是在甜点教室中长年累月积累出来的作品。所有的配方中均不使用泡打粉，完全依靠鸡蛋的力量让面糊膨胀。使用更多的时令水果和蔬菜，使用更朴素的配方素材。这样一来，不仅能从甜点中感受到四季更替，还能感受到食材原有的质朴味道。

曾经有位男学员说，他想把烘焙出来的戚风蛋糕作为礼物，更想通过这个礼物让对方了解，他是一边牵挂着对方一边烘焙出的这款蛋糕。满怀心意，这正是制作过程中不可欠缺的元素。我相信只有试着去体会甜点的感受，用谦逊的姿态面对甜点，才能做出真正的美味。只有这样的心态，才能让甜点摆脱任性和张扬，成为端庄而正统的美食。而我，也会带着这样的心情继续漫步在自己的烘焙道路上。

各位如果能在四季变换之中，通过本书品尝到甜点的美好，将是我莫大的荣幸。

目录　Contents

本书的阅读方法

・1 小匙为 5mL、1 大匙为 15mL。

・使用 L 大号鸡蛋（净重为 60g）。

・本书各配方中所述烘烤温度与烘烤时间均
为燃气烤箱所需的温度及时间。使用不同
烤箱的情况下，应根据烘焙程度具体调整
实际的温度与时间。电烤箱每次开门关门
时内部温度会大幅度下降，所以预热温度
应当提高 30~50℃。

Chapter 1

四季戚风蛋糕

同为戚风蛋糕，制作方法都大同小异。但是只要在素材的选择上稍作调整，就能让戚风蛋糕充满千变万化的魅力。春季的樱花、夏季的毛豆、秋季的栗子、冬季则用姜。只要使用应季食材，就能让戚风蛋糕充满四季风情。

原味戚风蛋糕

Chiffon cake

没有任何多余食材的原味戚风蛋糕，口感和味道的魅
力完全来自于朴素的面糊。只要掌握了这款基本配方，
就能够尝试各种变化了。

制作方法→P.10

我心目中的理想戚风蛋糕

正是因为戚风蛋糕简单朴素，所以才丝毫不能含糊。

为了最大限度地激活每种感官的能力，我会将使用的材料尽量简化。

所以我们拒绝泡打粉，完全通过鸡蛋的力量让面糊膨胀起来。不是必要的食材，完全可以舍弃。

应季食材不仅营养价值高，而且在视觉和味道方面也能打满分。

所以除了罐头食品之外，还请大家多多使用新鲜食材。

毕竟，新鲜食材更能体现出食品本身的味道。

蓬松，但弹力十足；润口且百吃不厌。

我们就从最基本的原味戚风蛋糕开始起步吧。

关于面糊

在制作面糊的过程中，需要注意的要点有两个：一是尽量减少接触次数，二是尽量缩短操作时间。

蛋白霜的制作是决定面糊顺利膨胀的关键，要打发并确认蛋白霜的打发程度是否适中。蛋白霜稍微放置一段时间以后，就会产生分离现象，变得干硬。

所以完成以后应该立即与蛋黄面糊混合在一起，不要放置太久。

使用烤箱的注意事项

尽管面糊完美无缺，但如果不注意调整烤箱的温度和烘烤时间，还是会让成品的美味大打折扣。

烘烤时间一到，请立即从烤箱中取出蛋糕。

因为在烤箱中滞留时间过长，蛋糕会变硬。

本书中体现的烘烤温度与时间，均为甜点工作室中使用的燃气烤箱的实际设定条件。

家用烤箱的特点不同，请各位读者根据实际情况灵活调整。

最切合实际的方法，就是反复操作、最终找到最合适的烘烤温度与时间。

电烤箱每次开门关门时内部温度会大幅度下降，所以预热温度提高 30~50℃比较合适。

材料

	17cm	20cm
蛋黄（L）	4 个	7 个
菜籽油	50mL	90mL
牛奶	60mL	100mL
低筋面粉	70g	120g
蛋白（L）	4 个	7 个
细砂糖	60g	100g
打发淡奶油	适量	

烘烤时间（180℃）

17cm	20cm
约 25 分钟	约 30 分钟

准备

· 台面上铺一张烘焙纸，低筋面粉直接从较高的地方连续过筛 2 次（a）。

> 从较高的地方筛落的步骤，能让低筋面粉中饱含大量的空气,这样面糊更易膨胀。

· 细砂糖过筛 1 次。

· 烤箱提前预热至 180℃。

> 烤盘提前放入烤箱，与烤箱一起预热。电烤箱的火力较弱，所以烘焙温度应提高 30~50℃。放入面糊后再将温度重新恢复至 180℃即可。

●制作蛋黄面糊

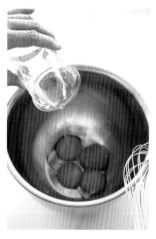

1

蛋黄装入盆(大)内，加入菜籽油，然后用打蛋器搅拌。

2

牛奶先以微波炉加热到约人体温度。再倒入 1 中搅拌混合。

3

将低筋面粉筛入盆中,用打蛋器搅拌。

4

低筋面粉全部混合均匀以后，蛋黄面糊即可完成。

> 只要材料完全混合均匀即可。到此为止，所需时间不足 1 分钟。

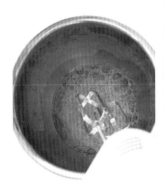

5

蛋白装入盆(小)内，用电动打蛋器的低速挡将蛋白打散。然后切换成高速挡，一气呵成地打发。

6

整体呈现出白色泡沫状以后，加入一半分量的细砂糖继续打发。

7

加入剩余的细砂糖。然后倾斜小盆，使用电动搅拌器高速旋转搅拌。

> 为了做出劲道十足的戚风蛋糕，就一定需要做出有韧性的蛋白霜。操作的要点在于，一边用手调整电动打蛋器的位置、一边用力搅拌。

8

当感到蛋白霜变稠，可以拉出尖角并出现光泽便完成了。

> 为了避免蛋白霜消泡，请尽快转移到下一个操作环节中。

● NG
未完成的
蛋白霜

尾端尖角如果还略显柔软、甚至低垂，就是尚未完成的状态。

9

取 1/3 的蛋白霜，加入蛋黄面糊。

● NG
如果蛋黄面糊残留在盆底

如果刮刀盛起材料时，盆底还残留着未搅散的蛋黄面糊，就意味着还没有完全融合。可能会使制作失败，因此要搅拌均匀。

10

使用打蛋器仔细搅拌，直到蛋白霜完全融合。为了避免蛋黄面糊没有搅散，要用刮刀从盆底部往上翻搅，以防残留。

11

将剩余的蛋白霜分成 2 次加入，每次加入后都要搅拌至完全融合。

● NG
如果有蛋白霜残留

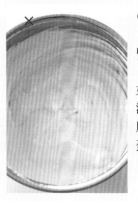

如果蛋白霜没有被充分混合，也会成为失败的原因。请搅拌至白色的蛋白霜完全融合。

12

为防止蛋黄面糊残留，再次用刮刀盛起盆底的材料往上翻搅，当面糊呈现蓬松柔软的状态便完成了。

> 蛋黄面糊与蛋白霜完全融合后，不需要过度搅拌。否则会因面糊消泡而影响膨胀。

●烘烤

13

从较高一点儿的位置，把面糊倒入模具中。

> 从高处一口气倒入面糊能尽量减少空气混入，避免气泡产生。

14

使用刮刀将面糊表面整理平整。

15

放入预热至180℃的烤箱中烘烤。出炉后倒扣冷却。可以把模具倒扣在高度适中的容器上放凉。

> 过度烘烤会让蛋糕失去湿润的口感，所以烘烤结束后请立即从烤箱中取出蛋糕。烤箱的款式不同，所需时间和温度也不同。请根据实际情况灵活调整。

16

放凉后请将整个模具置于食品袋中，放入冰箱冷藏。

> 可以当日食用。但是在冰箱内冷藏2~3天之后食用口感更佳。

●脱模

17

用手将蛋糕体往中间轻压，以抹刀沿着模具周围划一圈，从侧面取出蛋糕。

> 刚刚从冰箱取出时，蛋糕整体冰凉。这时候不仅脱模操作简单易行，而且蛋糕弹力十足，即使被手轻压也能马上恢复原状。

18

将抹刀插入蛋糕底部进行脱模。

> 以刀身的中央部分插入就不会破坏蛋糕体。

19

用戚风蛋糕脱模刀（或者竹签）沿着模具中央部分划一圈，进行脱模。

20

将蛋糕倒扣后取下模具底板便完成脱模。切成便于食用的大小，还可以根据个人喜好添附一些打发淡奶油。

> 切开以后，可以包裹保鲜膜继续放入冰箱冷藏或冷冻保存。冷藏可以存放1周、冷冻可以存放1个月左右。食用前可置于常温下回温或退冰到半解冻状态。

推荐原味戚风蛋糕和打发淡奶油搭
配品尝。将打发至蓬松状态的淡奶
油，用汤匙取出轻放在蛋糕上。

成功案例 & 失败案例

戚风蛋糕是细腻精致的蛋糕，所以不乏失败案例。成功与失败往往只有一线之差，让我们一起来看看原因所在吧。

● 戚风蛋糕的
　成功要点

制作面糊的时候，要尽量减少搅拌时间，才能完成品质优良的面糊。为了烤出颜色均匀的蛋糕体，倒入模具的面糊量以8~9分满为宜。面糊受热会自然膨胀增高，如果出炉后的蛋糕稍微高出模型、表面有如花朵绽放一样的裂纹，就大功告成了。而且冷却蛋糕体积不会收缩，即使放入冰箱内冷藏也会基本保持原始高度。

● 蛋糕体出现气孔

蛋黄面糊和蛋白霜没有完全混合均匀（请参考P.12的内容）。如果面糊中含有蛋白霜的结块，烘烤时就会局部膨胀过度、形成成品中的大气泡。

● 蛋糕回缩

原因在于蛋白霜质地过软过硬，或者蛋白霜与蛋黄面糊搅拌过度（请参考P.12的内容）。由于面糊没有弹性，烘烤时就会马上回缩。

● 蛋糕底部有凹洞

这是因为未搅拌均匀的蛋黄面糊或蛋白霜，附着在模具上所造成的（请参考P.12的内容）。要是倒扣时就从底部开始脱模的话，重量会使周围的蛋糕体下陷而造成凹洞。

● 过度搅拌或面糊温度不理想，
　都是造成失败的原因

面糊倒入模具中质地不均匀、分量少、冷却过程中回缩等现象，均为标志性失败案例。其原因可能是操作面糊时花费了过长时间、搅拌过度，也可能是面糊的温度过低、烤箱温度设定或烘烤时间设定不合适等。

春
Spring

初春戚风蛋糕

跨越了整个冬季的严寒，迎来新绿萌芽的时节。所视、所闻当中，都充满了彩色的光芒。终于，我们渐渐感受到心灵和身体的复苏和跃动。本章节就以这种春天的气息为主题，介绍几款应季戚风蛋糕。樱花、艾草、枫糖，每一种素材都最大限度地发挥了本身的味道。当然，在考虑配方的过程中，也充分保留了戚风蛋糕原有的口感味道。希望大家能从这几款蛋糕中体会到自然素材的美好，获得被治愈的力量。也希望大家能亲手制作出充满大自然气息的饕餮盛宴。春季里，总会有各种各样的活动。何不趁这样的机会向大家展示你的作品呢？春暖花开面朝大海的时候，一起享受戚风蛋糕带来的美好吧。

樱花戚风蛋糕

面糊中加入了盐渍樱花。如果把盐渍樱花点缀在蛋糕表面，更能营造出奢华的氛围。

淡淡盐香成为蛋糕的主格调，让人印象深刻。

切开以后，露出樱花瓣的淡淡粉色。满满的都是幸福的味道。

Cherry blossoms

>制作方法请参考 P.20

艾草戚风蛋糕

春季降临，街边市场上渐渐出现艾草的身影。这时候，自然而然地会想到用艾草制作艾草丸子和这款戚风蛋糕。从绿油油的颜色，到入口的味道，充满了春天的香气。将艾草过水焯一下后冷冻保存，要使用时就很方便。

Maple

枫糖戚风蛋糕

枫糖的特征，是天然的甜蜜和温柔的口感。

枫糖与戚风蛋糕面糊混合在一起，可以给戚风蛋糕添加自然而淳朴的甜蜜味道。

戚风蛋糕里混合着淡淡枫糖色泽，存在感不容忽视。

>制作方法请参考 P.21

樱花戚风蛋糕

材料

	17cm	20cm
蛋黄（L）	4个	7个
菜籽油	50mL	90mL
牛奶	60mL	100mL
低筋面粉	70g	120g
盐渍樱花	12g	20g
蛋白（L）	4个	7个
细砂糖	60g	100g
打发淡奶油	适量	
盐渍樱花（装饰用）	适量	适量

樱花种类繁多，本配方中使用的是花瓣密集、色泽浓厚的"关山"樱花。使用盐和梅子醋腌制而成的纯天然盐渍樱花。使用前可以先用水浸泡一下。

烘烤时间（180℃）

17cm	**20cm**
约25分钟	约30分钟

准备
· 参考原味戚风蛋糕的制作（P.10）。
· 面糊中使用的盐渍樱花泡水还原。滤干水分之后，切成粗粒。

制作方法
1 制作蛋黄面糊。蛋黄装入盆（大）内，加入菜籽油，用打蛋器搅拌。接着倒入牛奶（加热到人体温度）混合。低筋面粉再次过筛，加入盆中搅拌。
2 按照P.11的要领，将蛋白和细砂糖打发，制作蛋白霜。
3 取1/3量的蛋白霜，加入蛋黄面糊中，用打蛋器搅拌。为了避免蛋黄面糊没有搅散，要用刮刀从盆底部往上翻搅，防止蛋黄面糊残留在下面。
4 把剩余的蛋白霜分2次加入面糊中，每次加入后都要搅拌均匀，然后加入盐渍樱花粗粒混合（a）。
5 面糊倒入模具中，用刮刀把表面整理平整，放入预热至180℃的烤箱中烘烤。出炉之后倒扣冷却。
6 脱模以后，把打发淡奶油涂抹在蛋糕表面。最后点缀盐渍樱花。

a

艾草戚风蛋糕

材料

	17cm	20cm
蛋黄（L）	4个	7个
菜籽油	50mL	90mL
牛奶	35mL	60mL
艾草	25g	45g
（或为艾草粉）	10g	18g

> 使用艾草粉的话，牛奶使用量应为60mL（17cm）、100mL（20cm）

	17cm	20cm
低筋面粉	70g	120g
盐	一小撮	一小撮
蛋白（L）	4个	7个
细砂糖	60g	100g

烘烤时间（180℃）

17cm	20cm
约25分钟	约30分钟

准备

· 参考原味戚风蛋糕（P.10）。
> 低筋面粉与盐一起过筛备用。
· 用开水快速焯一下艾草。滤干水分之后，切成粗末。

制作方法

1 制作蛋黄面糊。蛋黄装入盆（大）内，加入菜籽油，用打蛋器搅拌。接着倒入牛奶（加热到人体温度）和艾草混合。低筋面粉再次过筛，加入盆中搅拌。

2 按照P.11的要领，将蛋白和细砂糖打发，制作蛋白霜。

3 取1/3量的蛋白霜，加入蛋黄面糊中，用打蛋器搅拌。为了避免蛋黄面糊没有搅匀，要用刮刀从盆底部往上翻搅，防止蛋黄面糊残留在下面。

4 把剩余的蛋白霜分2次加入面糊中，每次加入后都要搅拌均匀。

5 面糊倒入模具中，用刮刀把表面整理平整，放入预热至180℃的烤箱中烘烤。出炉之后倒扣冷却。

a

如果没有新鲜艾草，也可以使用艾草粉代替。艾草粉还可用于点缀其他甜点和面包，也可调制成饮料。

枫糖戚风蛋糕

材料

	17cm	20cm
蛋黄（L）	4个	7个
菜籽油	50mL	90mL
牛奶	25mL	40mL
枫糖浆	40mL	75mL
低筋面粉	70g	120
蛋白（L）	4个	7个
细砂糖	40g	70g

烘烤时间（180℃）

17cm	20cm
约25分钟	约30分钟

枫糖浆是从枫树等树木中采集而来的树汁，天然成分，风味会依树木种类而异。

准备

· 参考原味戚风蛋糕（P.10）。

制作方法

1 制作蛋黄面糊。蛋黄装入盆（大）内，加入菜籽油，用打蛋器搅拌。接着倒入牛奶（加热到人体温度）和枫糖浆混合。低筋面粉再次过筛，加入盆中搅拌。

2 按照P.11的要领，将蛋白和细砂糖打发，制作蛋白霜。

3 取1/3量的蛋白霜，加入蛋黄面糊中，用打蛋器搅拌。为了避免蛋黄面糊没有搅匀，要用刮刀从盆底部往上翻搅，防止蛋黄面糊残留在下面。

4 把剩余的蛋白霜分2次加入面糊中，每次加入后都要搅拌均匀。

5 面糊倒入模具中，用刮刀把表面整理平整，放入预热至180℃的烤箱中烘烤。出炉之后倒扣冷却。

盛夏戚风蛋糕

镰仓是一块被包围在山海之间的盆地。夏季可以听着蝉鸣眺望远山，也可以眯着眼睛凝望碧海，还可以用全身的感官去感受清风拂过。这里准备了几款适合在这样的夏季中品尝的戚风蛋糕。香草戚风蛋糕味道清爽，适合用来放松身心。使用当季的毛豆和樱桃的戚风蛋糕，都是只有在夏季才能品尝到的佳品。戚风蛋糕可以冷冻保存。所以在炎热季节里享用半解冻的蛋糕，绝对别有一番风味。各位可以根据个人喜好，在蛋糕上面点缀冰淇淋、水果、香草等，营造出别致的夏季风情。夏季的温度、湿度都很高，不易制作出打发状态良好的蛋白霜。所以请在即将使用的时候，再从冰箱中取出鸡蛋，并时刻保持合适的蛋白霜温度。

香草戚风蛋糕

本书中使用了薰衣草、薄荷、迷迭香、百里香等混合的综合香草。香草戚风蛋糕看似毫无章法，但实则相映生辉。炎炎夏季中，特别推荐这款味道清爽的蛋糕。可以在打发淡奶油上面随意撒一些香草搭配品尝。

Herb

> 制作方法请参考 P.26

毛豆戚风蛋糕

在寻找夏季食材的时候，看到了不经意之间跃入眼帘的毛豆。
把毛豆磨成泥状，混合到面糊中。淡淡的萌绿色诱发出馋涎的食欲。一小
撮盐是点睛之笔，在口中回味无穷。

Green soybean

> 制作方法请参考 P.27

> 制作方法请参考 P.27

樱桃戚风蛋糕

为纪念本店创建 10 周年之际构思出的樱桃戚风蛋糕。切开之后，随即可见红红圆润的果实，就像散落的宝石熠熠生辉。加入樱桃酒，平添几分风情。

香草戚风蛋糕

配方中使用的香草茶的茶叶，是位于市场一角的茶叶店的原创混合茶叶。可以根据个人喜好另行挑选。

材料

	17cm	20cm
蛋黄（L）	4 个	7 个
菜籽油	50mL	90mL
香草液	50mL	90mL
香草茶的茶叶	1 大匙	1½ 大匙
水	70ml	120ml
香草茶的茶叶	一小撮	一小撮
低筋面粉	70g	120
蛋白（L）	4 个	7 个
细砂糖	70g	120g
打发淡奶油	适量	
香草茶的茶叶	少许	

烘烤时间（180℃）

17cm	20cm
约 27 分钟	约 32 分钟

准备

·参考原味戚风蛋糕（P.10）。

·制作香草液。茶叶与水同时放入锅内，点火加热。沸腾以后改成小火，继续煮 3 分钟。用茶滤过滤出所需分量的香草液。另外，将一小撮茶叶细细捏碎备用。

制作方法

1　制作蛋黄面糊。蛋黄装入盆（大）内，加入菜籽油，用打蛋器搅拌，然后加入香草液与茶叶碎屑继续混合。低筋面粉再次过筛，加入盆中搅拌。

2　按照 P.11 的要领，将蛋白和细砂糖打发，制作蛋白霜。

3　取 1/3 量的蛋白霜，加入蛋黄面糊中，用打蛋器搅拌。为了避免蛋黄面糊没有搅匀，要用刮刀从盆底部往上翻搅，防止蛋黄面糊残留在下面。

4　把剩余的蛋白霜分 2 次加入面糊中，每次加入后都要搅拌均匀。

5　面糊倒入模具中，用刮刀把表面整理平整，放入预热至 180℃的烤箱中烘烤。出炉之后倒扣冷却。可以根据个人喜好添加打发淡奶油，还可以随意撒些茶叶碎在上面进行点缀。

毛豆戚风蛋糕

材料

	17cm	20cm
蛋黄（L）	4 个	7 个
菜籽油	50mL	90mL
牛奶	25mL	40mL
毛豆（可用部分）	70g	125g
低筋面粉	70g	120g
盐	一小撮	一撮
蛋白（L）	4 个	7 个
细砂糖	70g	120g

烘烤时间（180℃）

17cm	20cm
约 26 分钟	约 32 分钟

准备
· 参考原味戚风蛋糕（P.10）。
> 低筋面粉与盐一起过筛备用。
· 毛豆煮熟后从豆荚里取出，碾成泥状备用（a）。

制作方法
1　制作蛋黄面糊。蛋黄装入盆（大）内，加入菜籽油，用打蛋器搅拌。接着倒入牛奶（加热到人体温度）混合，然后加入毛豆泥、低筋面粉和盐再次过筛后加入盆中搅拌。
2　按照 P.11 的要领，将蛋白和细砂糖打发，制作蛋白霜。
3　取 1/3 量的蛋白霜，加入蛋黄面糊中，用打蛋器搅拌。为了避免蛋黄面糊没有搅匀，要用刮刀从盆底部往上翻搅，防止蛋黄面糊残留在下面。
4　把剩余的蛋白霜分 2 次加入面糊中，每次加入后都要搅拌均匀。
5　面糊倒入模具中，用刮刀把表面整理平整，放入预热至180℃的烤箱中烘烤。出炉之后倒扣冷却。

a

樱桃戚风蛋糕

材料

	17cm	20cm
蛋黄（L）	4 个	7 个
菜籽油	50ml	90ml
牛奶	50ml	90ml
低筋面粉	80g	140g
蛋白（L）	4 个	7 个
细砂糖	60g	100g
美国樱桃	60g	100g
樱桃酒	1/2 大匙	1 大匙

烘烤时间（180℃）

17cm	20cm
约 25 分钟	约 30 分钟

准备
· 参考原味戚风蛋糕（P.10）。
· 樱桃摘掉梗去掉籽，切碎。洒一些樱桃酒在上面（a）。

制作方法
1　制作蛋黄面糊。蛋黄装入盆（大）内，加入菜籽油，用打蛋器搅拌。接着倒入牛奶（加热到人体温度）混合。低筋面粉再次过筛，加入盆中搅拌。
2　按照 P.11 的要领，将蛋白和细砂糖打发，制作蛋白霜。
3　取 1/3 量的蛋白霜，加入蛋黄面糊中，用打蛋器搅拌。为了避免蛋黄面糊没有搅匀，要用刮刀从盆底部往上翻搅，防止蛋黄面糊残留在下面。
4　把剩余的蛋白霜分 2 次加入面糊中，每次加入后都要搅拌均匀，然后加入美国樱桃碎混合。
5　面糊倒入模具中，用刮刀把表面整理平整，放入预热至180℃的烤箱中烘烤。出炉之后倒扣冷却。

a

秋 Autumn

金秋戚风蛋糕

山林开始染红的时候，又迎来了收获的金秋。这个季节里，总会深陷于绚烂夕阳的美好中。漫长秋夜里，如果能在家里安静地读读书、做做手工，简直是最美好不过的了。这个季节，也是食欲暴涨的季节。饕餮美味数不胜数，原本就很讨喜的烘焙甜点更能大展身手了。餐后一边饮茶一边聊天，该有多幸福啊。所以在这样的金秋时节，向您推荐新鲜上市的栗子戚风蛋糕、悠然典雅的白兰地戚风蛋糕。并非我夸大其词，这两款蛋糕的口感朴实、味道浓厚，刚好符合了金秋时节的格调。

> 制作方法请参考 P.31

Marron

栗子戚风蛋糕

在面糊中混入栗子涩皮煮和栗子酱，再添加朗姆酒当成点睛之笔。慢慢从这款秋季蛋糕中品尝出栗子的甘甜香气，也是乐趣所在。想让每块蛋糕都能吃到栗子，重点在于要将栗子平均撒入面糊里并拌匀。

白兰地戚风蛋糕

白兰地的种类繁多、风味各异，大家可以根据个人喜好自行选择。只
要轻轻把蛋糕切开，散发出来的浓醇香气就会让人感受到微醺的滋味，
令人沉醉。这款戚风蛋糕的味道和香气堪称戚风蛋糕当中的奢华极品。
也可在特别的日子当作宴客佳肴。

Brandy

>制作方法请参考 P.31

栗子戚风蛋糕

材料

	17cm	20cm
蛋黄（L）	4 个	7 个
菜籽油	50mL	90mL
牛奶	50mL	85mL
栗子酱	50g	90g
朗姆酒	1/3 大匙	1/2 大匙
低筋面粉	60g	110g
蛋白（L）	4 个	7 个
细砂糖	65g	110g
栗子涩皮煮	35g	60g

烘烤时间（180℃）

17cm	**20cm**
约 27 分钟	约 33 分钟

准备
· 参考原味戚风蛋糕（P.10）。
· 把栗子涩皮煮大致切碎（a）。

制作方法
1 制作蛋黄面糊。蛋黄装入盆（大）内，加入菜籽油，用打蛋器搅拌。接着倒入牛奶（加热到人体温度）、栗子酱（b）、朗姆酒继续混合。低筋面粉再次过筛，加入盆中搅拌。
2 按照 P.11 的要领，将蛋白和细砂糖打发，制作蛋白霜。
3 取 1/3 量的蛋白霜，加入蛋黄面糊中，用打蛋器搅拌。为了避免蛋黄面糊没有搅匀，要用刮刀从盆底部往上翻搅，防止蛋黄面糊残留在下面。
4 把剩余的蛋白霜分 2 次加入面糊中，每次加入后都要搅拌均匀，然后将栗子涩皮煮平均撒入并拌匀。
5 面糊倒入模具中，用刮刀把表面整理平整，放入预热至180℃的烤箱中烘烤。出炉之后倒扣冷却。

白兰地戚风蛋糕

材料

	17cm	20cm
蛋黄（L）	4 个	7 个
菜籽油	50mL	90mL
牛奶	15mL	30mL
白兰地	60mL	100mL
低筋面粉	70g	120g
蛋白（L）	4 个	7 个
细砂糖	60g	100g

烘烤时间（180℃）

17cm	**20cm**
约 28 分钟	约 33 分钟

白兰地是以果实为原料的蒸馏酒。其中以丁邑和雅马邑为代表。本书中使用的是 CAMUS 系列中的 VSOP。

准备
· 参考原味戚风蛋糕（P.10）。

制作方法
1 制作蛋黄面糊。蛋黄装入盆（大）内，加入菜籽油，用打蛋器搅拌。接着倒入牛奶（加热到人体温度）和白兰地继续混合。低筋面粉再次过筛，加入盆中搅拌。
2 按照 P.11 的要领，将蛋白和细砂糖打发，制作蛋白霜。
3 取 1/3 量的蛋白霜，加入蛋黄面糊中，用打蛋器搅拌。为了避免蛋黄面糊没有搅匀，要用刮刀从盆底部往上翻搅，防止蛋黄面糊残留在下面。
4 把剩余的蛋白霜分 2 次加入面糊中，每次加入后都要搅拌均匀。
5 面糊倒入模具中，用刮刀把表面整理平整，放入预热至180℃的烤箱中烘烤。出炉之后倒扣冷却。

冬Winter

严冬戚风蛋糕

与家人宅在家里的严冬，少不了静默无语烘焙蛋糕的时候。被家人围绕却不被打扰的时光，于我而言是极致幸福的片段。烤箱的热度会让整个房间温暖起来。在等待出炉的过程中，来一杯热腾腾的姜茶，暖心暖身。季节更替的时候，食欲也随之改变。所以严严冬日里，无论是温馨的姜茶、还是香浓的苹果茶，都需要冬季款戚风蛋糕来搭配。常常出现在元旦正餐中的黑豆，口感和味道比例均衡，非常适合在冬季甜点中出现。在各种甜点中，戚风蛋糕是一款对气温和湿度比较敏感的甜点。冬季的材料和工具都很冰冷，可以先将盆加热至人体温度，牛奶和油类的温度也需要比往常略高一些。

> 制作方法请参考 P.35

Black soybean

黑豆戚风蛋糕

这是一款本店在正月里推出的"黑豆戚风蛋糕"。把面糊分 3 次倒入模具中，每次分别撒进黑豆。这样方可确保黑豆分散均匀。黑豆的甜蜜和戚风的柔情在一起，是绝妙的组合。

Apple tea&Ginger

姜味苹果茶戚风蛋糕

原本想做一款苹果茶戚风，结果却误打误撞用了姜泥。出炉之后，竟然意外的美味可口，便将其纳入食谱配方中。苹果的香味浓厚、姜泥的温情四溢，全部都包含在这款戚风蛋糕中了。

>制作方法请参考 P.35

黑豆戚风蛋糕

材料

	17cm	20cm
蛋黄（L）	4 个	7 个
菜籽油	50mL	90mL
牛奶	60ml	100ml
低筋面粉	70g	120g
蛋白（L）	4 个	7 个
细砂糖	60g	100g
黑豆（制作甜点用）	45g	75g

将煮软的黑豆用蜜糖浸渍，等干燥后再裹上一层抹茶粉。甜度适中，直接享用也很美味。

> 本书中使用包裹了抹茶粉的黑豆。

烘烤时间（180℃）

17cm	20cm
约 25 分钟	约 30 分钟

准备

· 参考原味戚风蛋糕（P.10）。

制作方法

1　制作蛋黄面糊。蛋黄装入盆（大）内，加入菜籽油，用打蛋器搅拌。接着倒入牛奶（加热到人体肌肤的温度）混合。低筋面粉再次过筛，加入盆中搅拌。

2　按照 P.11 的要领，将蛋白和细砂糖打发，制作蛋白霜。

3　在蛋黄面糊里加入 1/3 分量的蛋白霜用打蛋器搅拌，为了避免蛋黄面糊没有搅匀，要用刮刀从盆底部往上翻搅。

4　将剩下的蛋白霜分成 2 次加入，每次加入后都要搅拌均匀。

5　将 1/3 分量的面糊倒入模具中，再平均撒入 1/2 分量的黑豆。重复同样的动作，再次倒入面糊，撒入黑豆。

6　面糊倒入模具中，用刮刀把表面整理平整，放入预热至 180℃ 的烤箱中烘烤。出炉之后倒扣冷却。

姜味苹果茶戚风蛋糕

材料

	17cm	20cm
蛋黄（L）	4 个	7 个
菜籽油	50mL	90mL
红茶液	50mL	90mL
苹果茶茶叶	1 大匙	比 2 大匙略少
水	80mL	140mL
姜泥	5g	10g
苹果茶茶叶	一小撮	一小撮
低筋面粉	80g	140g
蛋白（L）	4 个	7 个
细砂糖	70g	120g

锡兰红茶和祁门红茶混合了苹果香料而成，蔓延着苹果清爽的香气。

烘烤时间（180℃）

17cm	20cm
约 28 分钟	约 32 分钟

准备

· 参考原味戚风蛋糕（P.10）。

· 制作红茶液。茶叶与水同时放入锅内，点火加热。沸腾以后改成小火，继续煮 3 分钟（a）。用茶滤过滤出所需分量的红茶液。另外，将一小撮茶叶捏碎备用。

制作方法

1　制作蛋黄面糊。蛋黄装入盆（大）内，加入菜籽油，用打蛋器搅拌，然后加入红茶液、姜泥、碎茶叶继续混合。低筋面粉再次过筛，加入盆中搅拌。

2　按照 P.11 的要领，将蛋白和细砂糖打发，制作蛋白霜。

3　取 1/3 量的蛋白霜，加入蛋黄面糊中，用打蛋器搅拌。为了避免蛋黄面糊没有搅匀，要用刮刀从盆底部往上翻搅，防止蛋黄面糊残留在下面。

4　把剩余的蛋白霜分 2 次加入面糊中，每次加入后都要搅拌均匀。

5　面糊倒入模具中，用刮刀把表面整理平整，放入预热至 180℃ 的烤箱中烘烤。出炉之后倒扣冷却。

Chapter 2

四季甜点

酷暑之下想念清新爽口的味道，严寒当中需要浓厚踏实的口感。你看，每一季节都有能引起人食欲的甜点。本章节中介绍的甜点，完全可以成为季节性活动中的小食，更可以作为礼物表达心意。

春 Spring

初春甜点

颜色缤纷的花朵与果实，春季就是这样华丽而高调。适合这个季节的甜点，可以是草莓蛋糕、可以是泡芙，也可以是任何其他甜点。总之，能够营造出轻松愉悦的氛围即可。说到春季的代表，毫无疑问就是草莓。草莓的适应度极高，可以与任何甜点搭配，请一定要在应季时节多多尝试使用。草莓可以搅拌后与淡奶油混合在一起，做成酸甜可口的草莓芭芭露。也可以直接拿来点缀在甜点上面。春季里的活动很多，想象一下大家品尝着甜点时露出的笑容，来激发出更多的热情与力量吧！

> 制作方法请参考 P.40

女儿节的草莓鲜奶油蛋糕

夹着整个草莓的豪华鲜奶蛋糕，内涵十足，外观精致。海绵蛋糕片只需要烘烤 10 分钟左右，比制作圆形蛋糕更加简单轻松。呈现出美丽的草莓切口，好像在为女儿节唱着颂歌。

女儿节的草莓鲜奶油蛋糕

材料　25cm×29m×3cm 的纸模具 1 个
<海绵蛋糕>
无盐黄油　20g
色拉油　1 大匙
牛奶　1 大匙
鸡蛋（L）　3 个
蛋黄（L）　1 个
绵白糖　80g
低筋面粉　75g
<糖浆>
水　25mL
绵白糖　12g
朗姆酒　1/2 大匙
<打发淡奶油>
淡奶油　300mL
细砂糖　3 大匙
<装饰>
草莓　1 盒
淡奶油　适量
食用色素（红色）、抹茶粉　各少许
杏仁糖膏制作的娃娃（P.91）　1 组

准备
· 台面上铺一张烘焙纸，低筋面粉直接从较高的地方连续过筛 2 次。
· 用于面糊的绵白糖过筛 1 次备用。
· 在烤盘里倒入热水，放入烤箱下层，预热至 200℃。
· 用报纸制作纸模型（P.95），然后在里面铺好烘焙纸（可用油纸代替）（a）。
· 制作糖浆。锅内装入水和绵白糖，点火加热。沸腾以后从灶台取下，自然冷却后加入朗姆酒。

制作方法
<海绵蛋糕>
1　盆内放入黄油、色拉油、牛奶，隔水加热至黄油完全融化（也可用微波炉加热）。
2　另取一盆，放入鸡蛋、蛋黄、绵白糖，用打蛋器轻轻混合。
3　隔水加热 2 的材料（加热至接近人体温度后取出），然后用电动搅拌器高速挡搅拌（b）。
> 冰冷的鸡蛋不易打发，面糊膨胀的情况也会变差。要借由隔水加热让面糊变得容易打发膨胀。
4　将面糊搅打至拉起后可在搅拌器上稍微停留的软硬度后（c），把打蛋器调整为低速挡，然后继续慢慢搅拌 1 分钟，调整面糊的细致度。
5　低筋面粉再次过筛，加入 4 中（d），然后用刮刀大致搅拌一下。

6 取1大勺5的材料放入1的盆中，充分混拌均匀（e）。

＞搅拌过度会影响面糊的质地，所以此处可以先小范围搅拌让材料混合在一起，但是不需要搅拌过长时间。

7 将6用刮刀一边接着，一边一点一点慢慢地倒入5的盆里（f）。接着用大范围的方式混拌，直到面糊没有结块为止。

8 倒入模型中，用刮板抹平表面（g）。

＞从较高位置倒下来，可以避免空气混入面糊中。

9 放在烤盘上。从下面敲打2~3次烤盘底部以便排出面糊内的空气（h），然后200℃烘烤（上层）10分钟后，带纸倒扣放在冷却网上，冷却散热。

＞倒扣冷却，能让蛋糕内部的湿润度和质地变得更均匀。

<装饰>

10 准备2张裁成菱形的纸片（两条对角线长度分别为26cm与15cm），放在脱模后的海绵蛋糕体上（i）。沿着菱形纸片的边线把蛋糕切开，去掉多余的部分。烘烤面朝上，然后用刷子在2片蛋糕体上分别涂抹糖浆。

11 在淡奶油里加入细砂糖打至8分发，制作成打发淡奶油，然后填入裱花袋中（使用单边呈齿状裱花嘴P.95），依序挤出一条条的打发淡奶油（j）。

12 草莓去蒂，切口朝外摆放整齐。用打发淡奶油填满中间空隙（k）之后，再在上面挤出一条条的打发淡奶油（l），然后把另外一片海绵蛋糕的烘烤面朝下叠在上面。

13 在海绵蛋糕表面涂抹糖浆、挤上打发淡奶油，之后用打发淡奶油完全覆盖住侧面露出的草莓（m）。用抹刀抹平蛋糕表面，放入冰箱冷冻直到蛋糕四周变硬为止。

＞为了避免切开蛋糕时出现空洞，要用打发淡奶油将蛋糕的侧面仔细涂满。

＞在冰箱冷冻后更容易切开。

14 用温热过的面包刀切掉蛋糕侧边，让草莓的切口处露出来（n）。

15 分别将食用红色色素和抹茶粉加入表面装饰用的淡奶油中，打至8分发，制作出粉红色和绿色的打发淡奶油。用烘焙纸制作裱花袋（请参考P.44制作方法中8的内容），分别把两种颜色的打发淡奶油挤在蛋糕表面（o）。最后放上杏仁糖膏制作的娃娃装饰。

Cygne chou à la crèm

泡芙、天鹅泡芙

把老少皆宜的泡芙创作成优雅的天鹅造型。泡芙皮的膨胀至关重要，颜色和硬度也是评价完成度的重要标准。本配方中使用卡仕达酱与淡奶油相结合的泡芙馅，高贵而甜蜜的味道让人百吃不厌。

>制作方法请参考 P.44

Paris-Brest

巴黎—布雷斯特泡芙（Paris-Brest）

过去在法国举行"环巴黎—布雷斯特自行车赛"时，有一间位于比赛路线上的蛋糕店，以自行车轮胎的形状为基础制作的。制作配方与泡芙相同，只要在中间夹上个人喜好的水果即可。

>制作方法请参考 P.44

泡芙、天鹅泡芙·巴黎—布雷斯特泡芙

材料 圆形·天鹅造型共
4个·车轮形1个
<泡芙皮>
水 90mL
无盐黄油 40g
盐 1/2 小匙
低筋面粉 70g
鸡蛋（L）约2个
<卡士达酱>
牛奶 300mL
绵白糖 60g
香草荚 1/4 根
蛋黄（L）3个
低筋面粉 28g
无盐黄油 20g

朗姆酒 比1/2 大匙略少
<打发淡奶油>
淡奶油 100mL
细砂糖 1 大匙
<装饰用>
草莓（大）约2个
猕猴桃 约1/2 个
杏仁片 适量
糖粉 适量

准备
·将制作泡芙皮用的低
筋面粉过筛2次备用。
·在烤盘上铺好烘焙纸，
烤箱预热至190℃。

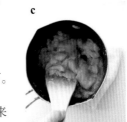
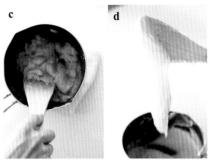

制作方法
<泡芙皮>

1　水、黄油、盐放入锅中，中火加热。沸腾后从火上取下。

2　低筋面粉一次性加入1中（a），用木铲快速搅拌。

>低筋面粉受热后，很快会被煮熟。所以把锅从火上取下来以后再加入低筋面粉。

3　干粉全部消失以后，再次中火加热1分钟左右，并同时用木铲充分搅拌（b）。当面糊出现光泽，并且逐渐成团时从火上取下。

4　将鸡蛋打散，取1/3的蛋液加入3中搅拌（c），完全混合以后慢慢加入剩余部分，搅拌均匀。被木铲盛起时，面糊能缓缓流下即可（d）。

>请一边观察面糊的状态一边加入蛋液。可以根据面糊的实际状态，调整蛋液的使用量。

5　将面糊装入裱花袋（口径为1cm的圆形裱花嘴）中，挤在烤盘上。制作巴黎—布雷斯特泡芙时，首先在烤盘上挤出直径17cm的圆形，并在圆形面糊的内侧，再挤一圈面糊（e），接着在2个圆形面糊上面再挤入一圈面糊。通常的泡芙只要挤出直径约为4cm的圆球状。制作天鹅泡芙时则挤出长为5.5cm的椭圆形。

6　用喷壶在面糊上喷一些水。还可以在巴黎—布雷斯特面糊上面撒一些杏仁片（f）。

7　放入190℃的烤箱中烘烤15分钟，然后调温至150℃，继续烘烤10分钟。

>一旦在烘烤过程中打开烤箱，正在膨胀的泡芙就会塌陷。所以烘烤未完成前，请不要随意打开烤箱门。

8　用烘焙纸制作裱花袋（g），装入面糊挤出2的字样作为天鹅泡芙的脖子部分。在头部画出面孔和鸟喙，放入190℃的烤箱中烘烤5分钟。

>将烘焙纸从对角线剪开，让最长的边朝上，以中央略偏右的地方为裱花口，从边端开始卷成筒状。卷好后用胶带粘住，填入面糊后，在前端剪开一个小洞。

<卡仕达酱>

9　纵向切开香草荚，用刀刮出中间的香草籽。

10　牛奶、1/2分量的绵白糖、9中的香草籽和香草荚均放入锅中，加热至即将沸腾。关火，盖上盖子静置30分钟。

11　蛋黄和剩余的绵白糖放入盆中，一边用打蛋器搅拌，一边加入低筋面粉混合。

12　慢慢地把10的材料加入11中（i），用筛网过滤之后重新倒回锅中（j）。一边用木铲搅拌一边加热，直到出现光泽。

13　冷却后，加入黄油和朗姆酒搅拌均匀（k）。

<装饰>

14　将泡芙皮从上方1/3处切开。天鹅泡芙部分，把切下来的1/3泡芙皮再纵向对半切开，做成天鹅翅膀。

15　卡仕达酱装入裱花袋中（孔径1cm的圆形裱花嘴），挤入泡芙皮中。

16　在淡奶油中加入细砂糖打至8分发，制作成打发淡奶油。填入裱花袋中（使用星形裱花嘴P.95），挤在卡仕达酱上面（m）。制作巴黎—布雷斯特泡芙时，需要挤上一圈波浪状的打发淡奶油，然后装饰上大小合适的草莓和猕猴桃。

17　在天鹅泡芙的下半部，把14的翅膀盖在上面，然后插入8的天鹅脖子（n）。其他泡芙则是盖上上半部的泡芙皮，再撒糖粉即可。

Strawberry bavarian cream

草莓芭芭露

味道爽口、春天气息十足的草莓芭芭露。只要有家用料理机，即可轻松完成。使用大小不一的草莓也可以！用可爱杯子制作，或是倒入铺有薄薄一层海绵蛋糕的圆形模具里，请尽情享受变化的乐趣。

材料　直径 18cm 的天使蛋糕模具 1 个
草莓　260g
牛奶　200mL
绵白糖 90g
┌ 吉利丁粉 10g
└ 水　80mL
淡奶油　200mL
<装饰>
淡奶油、草莓　各适量

制作方法

1　将吉利丁粉撒入水中泡胀备用。
2　牛奶、绵白糖放入锅中，点火加热。煮熟后加入 1，等吉利丁粉煮溶后，关火冷却备用。
3　用家用料理机，把淡奶油、去蒂的草莓搅打到呈乳霜状即可。
4　将步骤 2 的材料倒入步骤 3 的材料中，搅拌至呈现浓稠状为止。
5　倒入用水沾湿的模具里，接着放入冰箱冷藏凝固。
6　脱模。挤上打至 8 分发的淡奶油。最后放上切成一口大小的草莓装饰。

冰箱饼干

缤纷各异的 11 款饼干。虽然材料不同，但是制作方法一致。面团卷成棒状以后可以冷冻保存，所以可以一次性多准备一些备用。刚烤好的饼干是最奢侈的享受，唯有手工制作才能品尝到。

Icebox cookie

制作方法请参考 P.50

冰箱饼干

材料　直径约 3cm 各 40 片
< 原味面团 >
无盐黄油 80g
糖粉 60g
蛋黄（L）1 个
A ┤低筋面粉 150g
　 ┤盐 1/3 小匙
< 可可面团 >
无盐黄油 80g
糖粉 60g
蛋黄（L）1 个
A ┤低筋面粉 140g
　 ┤可可粉 10g
　 ┤盐 1/3 小匙
< 抹茶面团 >
无盐黄油 80g
糖粉 60g
蛋黄（L）1 个
A ┤低筋面粉 140g
　 ┤抹茶粉 1 大匙
　 ┤盐 1/3 小匙

准备
·黄油在室温中回软。
·A 中材料混合在一起过筛备用。
·烤箱预热至 160℃。

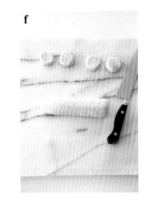

基本制作方法　*e 与 f 的照片为南瓜饼干（P.51）
的面团。
1　黄油放入盆中，用打蛋器搅打成乳霜状。
2　分 2 次加入糖粉，每次都搅拌均匀（a），
然后加入蛋黄搅拌（b）。
3　再次过筛 A 的材料，分 2 次加入（c），每
次都要用刮刀大致混拌（d）。
4　根据个人喜好塑形（请参考 P.51 的内容）。
剩下的揉成直径约为 3cm 的长条状，用保鲜膜
包裹起来（e），放入冰箱冷藏。
5　将塑形好的面团切成 8mm 厚（f），摆放在
烤盘上。
＞为了确保每片饼干受热均匀，面团要切成厚
度一致。
6　在烤盘上铺烘焙纸，放入 160℃ 的烤箱中烘
烤 10~15 分钟。放在冷却网上自然散热。

不同口味饼干的制作方法

香草　　　　　芝麻　　　　肉桂

杏仁　　　　椰子　　　　南瓜

大理石　　　　　棋格　　　旋涡

< 香草 >

制作原味面团，按照第 5 步骤要求把面团摆放在烤盘上，然后在薄荷叶、迷迭香等背面蘸取少许蛋白，黏在面团上。

< 芝麻 >

制作原味面团，在第 3 步骤加入材料 A 后，再加入 1 大匙黑芝麻混合。

< 肉桂 >

在原味面团的材料 A 中，加入 1 大匙肉桂粉，并与其他粉类一起混合过筛。

< 杏仁 >

制作可可面团，在第 3 步骤加入材料 A 后，再加入 20g 的杏仁切片混合（杏仁片在制作过程中还会变碎）。

< 椰子 >

制作可可面团，在第 3 步骤加入材料 A 后，再加入 2 大匙椰丝混合。

< 南瓜 >

制作原味面团，在第 3 步骤加入材料 A 后，再加入 25g 的南瓜泥混合（a）。在步骤 5 将塑形好的面团排放在烤盘上后，放上南瓜子装饰。

< 大理石 >

制作原味面团和可可面团（或抹茶面团）。在第 4 步骤中，把可可面团或抹茶面团叠放在原味面团上面，一边揉捏使面团混合出大理石花纹，一边塑形。

< 棋格 >

1　制作原味面团和可可面团。取 2/3 量的可可面团备用，用保鲜膜包起来，然后用擀面杖擀成 2~3mm 厚的面片。剩余的可可面团与原味面团分别揉成 10cm×15cm 的长条状，放入冰箱冷藏（b）。

2　将长条状面团分别纵切成 4 等份（c）。取不同颜色的 2 条面团捏在一起，交错组合成棋盘格纹的长条状面团（d）。

3　将 1 的面皮的 4 个边切掉，在靠近自己这一侧的面皮上摆入 2 的材料，包卷起来。卷好后切掉多余的面团，用保鲜膜包起来，放入冰箱冷藏凝固。接下来的步骤同基本制作方法。

< 旋涡 >

1　制作原味面团和可可面团。分别用保鲜膜包起来，擀成 2~3mm 厚的面片，然后放入冰箱冷藏（e）。

2　撕掉上面的保鲜膜，将原味面团叠在可可面团上，拿起靠近自己这一侧的保鲜膜包卷起来（f）。用保鲜膜包起来后，放入冰箱冷藏。接下来的步骤同基本制作方法。

夏 Summer

盛夏甜点

当阳光开始变得耀眼璀璨，夏天就来了。这个季节里，身体和心灵都能毫无芥蒂地打开，而且能轻松享受到色彩缤纷的各式水果和蔬菜。就连我们的眼睛，也享受着秀色可餐的美好。炎炎夏日里，我想介绍一些清凉感十足的甜点。乳酪蛋糕，透着淡淡柠檬酸味，让人耳目一新。蓝莓挞的味道和樱桃汁的味道非常搭，可以瞬间激活倦怠的身体。爽口的胡萝卜果冻，甚至可以成为西餐的前菜。搭配甜点的饮品同样别忘了多加点儿清凉感，利用汽水稀释果汁或是在冰凉的薄荷叶上放上切片柠檬……原来，夏季的茶点时间竟然如此美妙。

冷藏式乳酪蛋糕

Rarecheesecake

这是一款操作简单但贵气十足的甜点。乳酪的品种众多，所以乳酪蛋糕的味道也可以千变万化。请大家按照自己的喜好，尽情发挥想象吧。最后将巧克力涂在叶片上塑形，更能给视觉效果平添几分韵味。

>制作方法请参考 P.54

冷藏式乳酪蛋糕

材料　直径 18cm 的圆形模型 1 个

<蛋糕底>

无盐黄油 35g	奶油奶酪 250g
细砂糖 10g	酸奶油 100g
牛奶 1 大匙	细砂糖 50g
A ┌ 低筋面粉 30g	柠檬汁 25mL（约 1/2 个）
├ 高筋面粉 30g	<装饰>
└ 盐 1/4 小匙	新鲜叶片 适量
	甜点制作用巧克力（白） 适量
<乳酪层>	淡奶油 适量
┌ 吉利丁粉 5g	抹茶粉、可可粉 各少许
└ 水 2½ 大匙	蓝莓、覆盆子 各 8 粒
淡奶油 100mL	糖粉 适量

准备

· 黄油与奶油奶酪在室温中回软。
· A 中材料混合在一起过筛备用。
· 将吉利丁粉撒入水中泡发备用。
· 烤箱预热至 180℃。

制作方法

<蛋糕底>

1　黄油放入盆中，用打蛋器搅打成乳霜状（a）。

2　加入细砂糖混拌，接着分次少量地倒入牛奶搅拌均匀。

3　将 A 分成 2 次加入，用刮刀大致混拌（b）。

4　把面团刮成一团，装入食品袋中。

5　把 4 放在模具底板上，用擀面杖隔着食品袋擀成比模具略小的圆面皮（c）。放入冰箱中冷藏 1 小时。

6　把面皮铺在模具底板上（d），用叉子刺出若干小孔（e），放入 180℃ 的烤箱中烘烤 20 分钟。

如何利用全麦饼干制作蛋糕底

材料　直径 18cm 的圆形模具 1 个
全麦饼干 75g
无盐黄油 50g

制作方法

全麦饼干放入食品袋中，用擀面杖在食品袋上面敲碎饼干。加入融化后的黄油，混合以后铺在模具底板上。

<乳酪层>

7 淡奶油放入盆内，打至6~7分发（f）。

> 因为之后还会倒入乳酪糊中继续搅拌，所以略微打发即可，在此步骤若过度打发会让淡奶油变硬，请多加注意。

8 另取一盆，放入奶油奶酪。用打蛋器搅打成柔顺的乳霜状（g）。

9 按顺序加入细砂糖和酸奶油，搅拌均匀。

10 将泡开的吉利丁粉用微波炉加热溶化，然后加入柠檬汁和7中的淡奶油混拌。

11 把10的材料倒入装好了底板的模具中，用刮板整理表面。还可以根据个人喜好划出花纹（h），然后放入冰箱冷藏1小时。

<装饰>

12 隔水加热白巧克力，使其融化，然后加入1/2量抹茶粉，搅拌。

13 将叶片洗干净，擦干表面水分。在叶子背面涂抹少许白巧克力（i），接着再涂上一层抹茶色的巧克力。放入冰箱冷藏，凝固后取出，轻轻摘掉叶子。

14 在淡奶油中加入以水溶开的可可粉，打至8分发。装入用烘焙纸制作裱花袋中（请参考P.44的制作方法8），在11的表面画上藤蔓。

15 把巧克力片、蓝莓、覆盆子摆放在蛋糕表面，最后撒上糖粉。

Blueberry tart

蓝莓挞

酸甜可口的蓝莓、淡奶油和满满的卡仕达酱。味道比例得当，算是夏季水果挞中的首选佳作。当然，您也可以使用草莓、芒果、哈密瓜等应季水果。

>制作方法请参考 P.60

Clafoutis aut ceries

樱桃克拉芙缇

樱桃的新鲜味道，在入口的一瞬间洋溢开来。如果能提前用樱桃香甜酒腌渍过，樱桃的味道会更胜一筹。将腌渍樱桃的汁液利用汽水稀释，还是一款非常时尚的饮品呢。

>制作方法请参考 P.61

挞皮的制作方法

为了让配方中的每种食材都能最大限度地发挥出自己的特色，因而调整各配方的比例。挞皮厚薄与馅料多少的均衡搭配，也是影响挞派美味与否的因素。

①材料 直径 18cm 的挞模（深）1 个
> 蓝莓挞（P.60）
樱桃克拉芙缇（P.61）
无盐黄油 70g
牛奶 2 小匙
鸡蛋 25g
A ┌ 低筋面粉 55g
　├ 高筋面粉 55g
　├ 细砂糖 10g
　└ 盐 比 1/2 小匙略少

②材料 直径 20cm 的挞模（浅）1 个
> 法式洋梨挞（P.66）
无盐黄油 65g
鸡蛋 40g
A ┌ 高筋面粉 30g
　├ 低筋面粉 70g
　└ 盐 1/3 小匙

> 南瓜挞（P.67）
无盐黄油 65g
牛奶 1 大匙
蛋黄（L）1 个
A ┌ 高筋面粉 25g
　├ 低筋面粉 70g
　├ 细砂糖 20g
　└ 盐 1/3 小匙

1

黄油在室温中回软（手指可以轻松按压出凹陷的程度）。材料 A 过筛备用。

2

黄油放入盆中，用打蛋器搅拌打成乳霜状。

3

将牛奶与鸡蛋搅拌混合（法式洋梨挞则使用打散的蛋液），分次少量地加入盆中，搅打呈沙拉酱状为止。

4

加入 1/2 的材料 A，搅拌至稍有一点点干粉残留的时候，就可以停止了。

5

加入剩余的材料 A，以相同方式进行搅拌。

6

把面皮装进食品袋，塑形成圆形。

7

放入冰箱冷藏一晚。

8

在操作台面上撒上少许高筋面粉（配方外）当作手粉，放上面皮后撒上手粉，用小刷子刷去多余的手粉。用擀面杖擀成3mm厚的圆形。
> 也可以将厚3mm的木条放在面皮两侧，这样较易擀成均匀的厚度。

9

将面皮翻面，旋转90°，然后再次擀成厚度均一的面片。

10

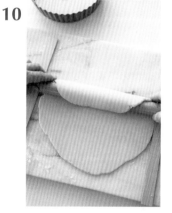

用擀面杖从离自己较远的一侧将面皮卷起。

11

把面片移到挞模上摊开，覆盖住模具。

12

用手按压面皮，让面皮与挞模底部、边缘紧紧贴合（将多余的面皮往外折）。

13

用手指按压，让面皮与挞模完全贴合，用擀面杖在模具上面反复滚动，切掉多出来的面皮。

14

用叉子刺出小洞，然后放入冰箱冷藏静置至少1小时。

蓝莓挞

材料

  直径 18cm 的挞模（深）1 个

<table>
<tr><td><挞皮></td><td>无盐黄油 15g</td></tr>
<tr><td>无盐黄油 70g</td><td>樱桃香甜酒 2 小匙</td></tr>
<tr><td>牛奶 2 小匙</td><td></td></tr>
<tr><td>鸡蛋 25g</td><td><打发淡奶油></td></tr>
<tr><td>A 低筋面粉 55g</td><td>淡奶油 100mL</td></tr>
<tr><td>   高筋面粉 55g</td><td>细砂糖 1 大匙</td></tr>
<tr><td>   细砂糖 10g</td><td></td></tr>
<tr><td>   盐 比 1/2 小匙略少</td><td><寒天凝胶></td></tr>
<tr><td></td><td>水 500mL</td></tr>
<tr><td><卡仕达酱></td><td>寒天粉 4g</td></tr>
<tr><td>牛奶 200mL</td><td>绵白糖 60g</td></tr>
<tr><td>绵白糖 40g</td><td></td></tr>
<tr><td>香草荚 1/4 根</td><td><装饰></td></tr>
<tr><td>蛋黄（L）2 个</td><td>蓝莓 100~130g</td></tr>
<tr><td>低筋面粉 28g</td><td>糖粉 适量</td></tr>
</table>

a

b

准备

· 烤箱预热至 180℃。重石也需要一起预热。

制作方法

1 参考 P.58~59 的内容制作挞皮。从冰箱取出 10 分钟后，上面铺一张铝箔纸，然后放入重石（a）。然后放入预热到 180℃的烤箱内烘烤 15 分钟。从烤箱取出，拿出重石，再次放入烤箱烘烤 15 分钟（b）。出炉后，连同挞模放在冷却网放凉。参考 P.45 的内容制作卡仕达酱，倒入 3 中。

2 盆内装入淡奶油和细砂糖，打至 8 分发。

3 把材料 2 装入裱花袋（使用星形裱花嘴 P.95），满满地挤在 1 的卡仕达酱上，然后再放上蓝莓装饰。（留下一些打发淡奶油供最后装饰用）

4 制作寒天凝胶。把水和寒天粉放入锅中，点火加热。沸腾后加入绵白糖，使其煮溶。

> 寒天凝胶是将寒天粉与砂糖用水溶解而成。用于增添水果表面的光泽度。

5 将 4 用刷子涂抹在 3 的蓝莓上，并在蓝莓的缝隙挤入 2 的打发淡奶油，最后撒上糖粉。

樱桃克拉芙缇

材料　直径 18cm 的挞模（深）1 个

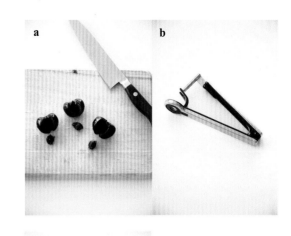

<挞皮>　　　　　　　<蛋奶酱>
无盐黄油 70g　　　　鸡蛋 75g
牛奶 2 小匙　　　　　细砂糖 60g
鸡蛋 25g　　　　　　高筋面粉 2 小匙
A┌低筋面粉 55g　　香草荚 1/6 根
　│高筋面粉 55g　　酸奶油 40g
　│细砂糖 10g　　　牛奶 40mL
　└盐 比 1/2 小匙略少　樱桃香甜酒 2/3 大匙

<酒渍樱桃>
美国樱桃 250g
樱桃香甜酒 40mL
细砂糖 5g
柠檬汁 5g（1/4 个）

准备
·烤箱预热至 180℃。重石也需要一起预热。

制作方法

1　参考 P.58~59 的内容制作挞皮。从冰箱取出 10 分钟后，上面铺一张铝箔纸，装入重石，然后放入预热到 180℃的烤箱内烘烤 15 分钟。从烤箱取出，拿出重石涂上打散的蛋液（配方外）。重新放入烤箱烘烤 5 分钟，连同挞模放在冷却网放凉。

2　制作酒渍樱桃。纵向切开樱桃，取出果核（a）。把所有材料装入盆中，表面包上保鲜膜，腌渍 2 小时以上。

＞由于最后要放入整颗樱桃装饰，因此去果核时请留意不要切除太多果肉。如果有去核器（b）会方便一些。

3　制作蛋奶酱。盆内装入鸡蛋和细砂糖搅拌，然后加入高筋面粉继续搅拌至均匀。

4　香草荚纵向切开，刮出香草籽，然后一起放入锅中，加入酸奶油开火加热。一边用打蛋器搅拌，一边慢慢加入牛奶。沸腾以后马上从火上拿下来。

5　取出香草荚，一边分次少量地倒入 3 的盆里，一边用打蛋器搅拌，接着加入樱桃香甜酒。

6　沥干酒渍樱桃的汁液后，铺放在 1 中（c），再倒入 5。

＞为了让表面看起来美观，要将有切口的那一面朝下摆放。

7　放入预热至 180℃的烤箱中烘烤 30 分钟。

Carrot jelly

胡萝卜果冻

由于添加了柑橘罐头，让胡萝卜独特的涩味不见了，呈现出清爽的风味。不仅可以作为甜点，还很适合当作正餐的前菜。推荐使用口味偏甜的新鲜胡萝卜。装饰上胡萝卜叶也有画龙点睛的效果。

材料　直径18cm的天使蛋糕模具1个
A ┌胡萝卜（净重）150g
　├水 180mL
　└绵白糖 80g
B ┌寒天粉 4g
　└水 150mL
柑橘（罐头）1罐（小，200g）
柠檬汁 2大匙
柑橘香甜酒 1大匙（有的话）
<装饰>
胡萝卜叶 少许（有的话）

制作方法
1　胡萝卜去皮，切成3mm厚的薄片。
2　材料A装入锅中，点火加热。一直煮到胡萝卜变软。
3　另取一锅，装入材料B。沸腾后从火上取下。
4　材料2放凉冷却以后，把柑橘罐头的果肉和果汁都倒入果汁机中，搅打至呈现滑顺状为止。
5　把材料4、柠檬汁、柑橘香果甜酒（有的话）加入到3的锅中搅拌，均匀地混合在一起。
6　材料5倒入事先用水沾湿的模具中，然后放入冰箱冷藏凝固。如果有胡萝卜叶，装饰在上面即可。

Autumn

法式洋梨挞

Tarte au poire

这款甜点，是镰仓戚风蛋糕店的前身 "CAF Aoi" 开幕当天准备的甜点。
完全熟透的洋梨充满多汁的口感，正好与杏仁奶油酱形成了美妙绝伦的搭
配。这可是水果罐头无论如何也营造不出的，秋季限量版甜点。

> 制作方法请参考 P.66

金秋甜点

挖甘薯、采葡萄、捡栗子、摘苹果……秋季是欢乐的季节、是丰收的季节，更是食
欲爆满的季节！秋季镰仓的市场里，蔬菜和水果会堆得像小山一样高。一不留神，
这边尝一下，那边尝一下，就变成了贪吃鬼。没有什么事情，能比在这里找一些应
季食材来做当季甜点更快乐的了。洋梨派的润口程度绝对不亚于新鲜的覆盆子，这
可是只有秋季才能享受到的佳品。正巧，这时候红玉苹果、松软的南瓜也上市了。
这些上等食材会让甜点的味道卓尔不群，所以请一定选择味道信得过的食材啊。清
凉如水的秋夜，伴着手中的甜点，聊聊只有闺蜜才能分享的私房话吧。

Pumpkin tart

南瓜挞

热气腾腾的南瓜，不仅仅是餐桌上的嘉宾，还是甜点中的贵客，真可谓是一种万能蔬菜啊。南瓜质地紧密、味道浓厚、口感柔和，做出南瓜挞甚至可以作为正餐来食用呢。不经意留一些南瓜皮，切开之后露出一丝绿色，正是多彩时节的点睛之笔啊。

>制作方法请参考 P.67

法式洋梨挞

材料　直径20cm的挞模（浅）1个

<挞皮>

无盐黄油 65g

鸡蛋 40g

A ┬ 高筋面粉 30g
　├ 低筋面粉 70g
　└ 盐 1/3 小匙

<杏仁奶油酱>

无盐黄油 50g

细砂糖 50g

鸡蛋 50g

B ┬ 杏仁粉 50g
　└ 低筋面粉 1 大匙

<装饰>

洋梨 2 个（小）

杏桃酱 2 大匙

白兰地 1/2 大匙

水 1/2 大匙

准备

· 提前把用来制作杏仁奶油酱的黄油放置在室温中回软。

· 材料 B 混合过筛备用。

· 烤箱提前预热至180℃。

制作方法

1　参考 P.58~59 的内容制作挞皮。

2　制作杏仁奶油酱。盆内放入黄油，用打蛋器搅打成乳霜状。

3　将细砂糖分2次加入，再分次少量地倒入打散的蛋液混合（a）。

4　将 B 一次全部加入，用刮刀大略搅拌（b）。

5　从冰箱取出挞皮，静置10分钟后。倒入4的杏仁奶油酱。

6　洋梨削皮，对半切开，然后把每个洋梨均匀地切成12等份（c），摆放在5上面（d）。放入预热到180℃的烤箱中烘烤30分钟。

＞如果还有剩下的洋梨，可以切成适当的大小摆放在挞模中央。

7　将杏挑果酱过滤后，与白兰地、水混合在一起（e）。

＞果酱中往往有一些果肉粒，所以需要过滤。白兰地可以增加香味，水用来调节浓度。

8　出炉后，趁热用刷子把7涂在6的表面（f），提升表面光泽。

＞趁热涂抹果酱，可以让果酱渗入挞派里。

南瓜挞

材料　直径 20cm 的挞模（浅）1 个
<挞皮>
无盐黄油 65g
牛奶 1 大匙
蛋黄（L）1 个
A┬高筋面粉 25g
　│低筋面粉 70g
　│细砂糖 20g
　└盐 1/3 小匙
<南瓜奶油酱>
南瓜（净重）200g
鸡蛋（L）1½ 个
绵白糖 50g
淡奶油 100mL

准备
· 烤箱提前预热至 180℃。

制作方法
1　参考 P.58~59 的内容制作挞皮。
2　制作南瓜奶油酱。南瓜切成一口大小，根据个人喜好可以切掉一部分南瓜皮（a）。煮软以后大致碾碎成粗泥备用。
>无须完全碾碎，还残留一点儿小块状。留一些南瓜皮可以用来点缀颜色。
3　将鸡蛋打入盆中，加入绵白糖搅拌。加入淡奶油后，再加入 2 的南瓜泥拌匀。
4　从冰箱取出挞皮，静置 10 分钟后。倒入 3 的南瓜奶油酱。放入预热到 180℃的烤箱中烘烤 30~40 分钟。
>如果烤箱的上火较强，可以在表面盖一张铝箔纸，以防烘烤过程中焦化。

法式巧克力蛋糕

这是一款失败概率很小的甜点，只要放进烤箱烘烤即可完成。对于初学者来说，完全可以当成练手之作。大量巧克力、黄油、淡奶油、可可粉，加上少量面粉，所以中间塌陷也在意料之中。就用这款轻松上手的甜点，来挑战一下优雅的甜蜜吧。

Gâteau au chocolat

材料　直径 18cm 的圆形模具 1 个
甜点制作用巧克力（甜味）90g
无盐黄油 70g
淡奶油 60mL
蛋黄（L）3 个
细砂糖 70g
蛋白霜
├蛋白（L）3 个
└细砂糖 45g
A ┬低筋面粉 25g
　└可可粉 45g
糖粉 适量

准备
·台面上铺一张烘焙纸，将混合好的材料 A 直接
从较高的地方连续过筛 2 次。
·将制作蛋糕体用的细砂糖过筛备用。
·巧克力和黄油放入盆中，隔水加热至融化。
·在模具中铺好烘焙纸，烤箱预热至 160℃。

制作方法
1　在融化的巧克力与黄油中加入淡奶油混合。
2　另取一盆，加入蛋黄和细砂糖。用打蛋器搅拌
混合。
3　将 2 隔水加热（至人体温度）后取出，搅打至
没有结块残留，然后一次性加入材料 1 搅拌（a）。
4　制作蛋白霜。另取一盆装入蛋白，用电动搅拌
器打发。打成白色蓬松的泡沫状后，将细砂糖分 2
次加入，打至可以拉出尖角的硬度（b）。
5　取 1/3 量的蛋白霜加入 3 的盆中，用打蛋器搅
拌混合（c）。
>请注意不要过度搅拌。混合至 8 成左右即可加入
接下来的材料。
6　取 1/2 分量的 A 筛入 5 的盆中（d），换成刮刀
继续混拌（e）。
7　依序加入剩余蛋白霜一半的分量、剩下的 A、
剩下的蛋白霜，每次加入后都要搅拌混合。
>蛋白霜与粉类交替加入，便于均匀地混合。同时，
也能减少搅拌次数。
8　从较高的位置把面糊倒入模具中，敲打模具底
部 2~3 次，排出面糊内的空气。放入预热到 160℃
的烤箱中烘烤 40 分钟。冷却后撒上糖粉。

> 制作方法请参考 P.72

Banana cake

香蕉蛋糕

看到嫩黄色的香蕉，就情不自禁地想到要做香蕉蛋糕。烘焙得比磅蛋糕略薄一点儿，吃之前再用吐司机加热一下即可。中间湿润细腻，外皮金黄酥脆。推荐与香草冰淇淋一起品尝。

> 制作方法请参考 P.73

Apple cake

苹果蛋糕

渐入初冬之际，热气腾腾的苹果蛋糕正好可以搭配红茶一起品尝。如果想得到酸甜可口的纯正味道，就一定要使用正宗的红玉苹果。本配方中加入了肉桂粉，还可以根据个人喜好加入一些白兰地，香味更佳。

香蕉蛋糕

材料　24cm×7cm 的磅蛋糕模具 1 个
无盐黄油　60g
黄糖　30g
鸡蛋（L）1 个
A ┌ 低筋面粉　30g
　├ 杏仁粉　30g
　└ 盐　一小撮
香蕉　2 根（净重约 150g）
<装饰>
香草冰淇淋　适量
薄荷叶　适量

准备
· 黄油在室温环境中放置回软。
· 材料 A 混合在一起后过筛备用。
· 香蕉剥皮，切成一口大小，然后用餐叉碾碎。
· 在模型中铺好烘焙纸。
· 烤箱提前预热至 180℃。

制作方法
1　盆内装入黄油，用打蛋器搅打成乳霜状。
2　加入黄糖，前后移动打蛋器搅拌。
3　分次少量地倒入打散的蛋液混合，为了避免产生分离现象，每次加入后都要搅拌混合。
4　分 2 次加入材料 A，用刮刀大致混合搅拌。
5　加入香蕉混拌，倒入模具中，整理表面。
6　放入 180℃ 的烤箱中烘烤 20 分钟。根据个人喜好，可以与香草冰淇淋一起品尝。还可以用薄荷叶来装饰。
> 食用前可以用吐司机加热。表面酥脆，更加美味。

苹果蛋糕

a

材料　24cm×7cm 的磅蛋糕模具 1 个

无盐黄油　60g

绵白糖　50g

鸡蛋（L）1 个

A｜低筋面粉　60g
　｜盐　一小撮

苹果　1 个（小，净重约 150g）

肉桂粉　少许

准备

· 黄油在室温环境中放置回软。

· 材料 A 混合在一起后过筛备用。

· 烤箱提前预热至 180℃。

· 在模型中铺好烘焙纸。

制作方法

1　苹果去皮，切成半月形薄片。放入耐热容器，撒一些肉桂粉在上面，然后在微波炉中加热 1~1.5 分钟（a）。

> 苹果加热软化以后，可以与蛋糕面糊更好地融合。肉桂粉用来提高蛋糕风味（可以根据个人喜好选择使用）。

2　盆内装入黄油，用打蛋器搅打成乳霜状。

3　加入绵白糖，前后移动打蛋器、充分搅拌。

4　分次少量地倒入打散的蛋液混合，为了避免产生分离现象，每次加入后都要搅拌混合。

5　分 2 次加入材料 A，用刮刀大致混合搅拌。

6　加入 1 的苹果片。混合以后倒入模具中，整理表面。

7　放入 180℃的烤箱中烘烤 25 分钟。

> 蛋糕味道甘甜，所以应该选择口味较酸的苹果。推荐使用口感清脆适中的红玉苹果。

Sweet potato

香甜甘薯糕

红薯烤好以后取瓤，加工成连皮都可以一起食用的香甜甘薯糕。不同种类的甘薯，其含水量大有区别。所以可以用牛奶来调整软硬度。甘薯瓤过筛以后，还会有小颗粒留在里面，吃到嘴里会更加惊喜。

材料
甘薯 1kg
绵白糖 100g
无盐黄油 50g
淡奶油 约100mL
牛奶 约50mL（调整软硬度用）
盐 少许
蛋黄、蜂蜜 各适量

> 分量会因甘薯大小而发生变化。若使用500g的甘薯则将分量减半，请视甘薯的重量进行调整。

准备
· 烤箱提前预热至180℃。

制作方法

1　甘薯洗干净以后，直接用铝箔纸包起来。放入预热至180℃的烤箱中烘烤30~40分钟。取出后用竹签刺几下，确认甘薯内部是否已经烤熟（a）。

2　趁热纵向对切，用勺子挖出甘薯瓤，仅在皮边缘留下3mm左右瓤即可（b），然后用勺子碾碎甘薯瓤。

> 甘薯皮稍后要作为容器来使用，所以请保持完整（c）。

3　碾碎的甘薯瓤与绵白糖、黄油一起放入锅中，小火加热。搅拌混合以避免烧焦。

4　材料3变得顺滑以后，加入淡奶油，然后慢慢加入牛奶，调整软硬程度（调成容易搅拌的稠度）。最后加入盐，继续搅拌到蒸发掉多余的水分。

> 牛奶的分量仅为参考数值。因为甘薯的含水量各不相同，所以请一边观察搅拌时的状态，一边确认加入牛奶的分量。

5　把材料4满满地装在2的甘薯皮中，用刷子在表面刷上蛋黄液。

6　放入预热至180℃的烤箱中烘烤20分钟。表面出现焦糖以后取出，最后表面涂抹蜂蜜。

冬 Winter

严冬甜点

虽然天气寒冷，但有很多像圣诞节、元旦、情人节等场合，需要甜点隆重登场。即使是平时常见的蛋糕卷，也能抹上奶油，装饰上巧克力片或蜡烛，变身成为圣诞节聚会的闪亮明星。质地朴实的磅蛋糕，能带给众多食客满心满腹的欢喜。情人节常见的含羞草点缀在巧克力蛋糕周围，尽显高贵，非常适合用来向重要的人表达心意。这个季节中，参加聚会、赠送礼物的场合很多。我常常用英文报纸来包裹礼物。带着制作甜点的愉悦心情，就连选择包装纸也成了幸福时光。

> 制作方法请参考 P.78

Choccolate cake

巧克力蛋糕

3 层可可海绵蛋糕叠加在一起，中间夹着甘纳许酱。巧克力与樱桃香甜酒十分搭配，再点缀上含羞草，当作情人节礼物如何呢？

材料　直径 18cm 圆形蛋糕模具 1 个

＜海绵蛋糕＞	＜糖浆＞
无盐黄油 10g	水 50mL
牛奶 1 大匙	绵白糖 25g
色拉油 1 大匙	樱桃香甜酒 比 1 大匙略少
鸡蛋（L）3 个	
蛋黄（L）1 个	
绵白糖 90g	

A ┌低筋面粉 80g
　└可可粉 20g

＜甘纳许酱＞
甜点制作用巧克力（甜味）　100g
淡奶油 100mL
樱桃香甜酒 1/2 大匙

准备

· 台面上铺一张烘焙纸，直接从较高的地方连续
过筛 2 次混合好的材料 A。

· 制作海绵蛋糕用的绵白糖过筛 1 次。

· 模具中铺好烘焙纸。

· 在烤盘里倒入热水，放入烤箱下层，预热至
180℃。

制作方法

＜海绵蛋糕体＞

1　盆内装入黄油、牛奶、色拉油，隔水加热至融
化（也可用微波炉加热）。

2　另取一盆，装入鸡蛋、蛋黄、绵白糖，轻轻搅
拌混合。

3　将 2 隔水加热（加热到人体温度）后取出，然
后用电动搅拌器高速一气呵成搅打。

＞冰冷的鸡蛋不易打发，面糊膨胀的情况也会变
差。要以隔水加热的方式让面糊容易膨胀。

4　当面糊搅打至拉起后可在搅拌器上稍微停留的
软硬度后（a），可以把电动搅拌器切换成低速模
式，慢慢打 1 分钟，调整面糊的细致度（b）。

5　将 A 一边再次过筛一边加入 4 里，并用刮刀
大略搅拌（c）。

6　在 1 的盆中加入一大铲的面糊，充分混拌均匀。

＞搅拌过度会影响面糊的质地，所以要先取少量
混合均匀，以减少混拌的次数。

7　将 6 用刮刀一边接着，一边慢慢倒回 5 的盆里，
接着大范围地混拌，直到面糊没有结块为止（d）。

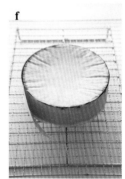

8　从较高的位置把材料倒入模具中（e），然后
敲打 2~3 次模具底部以便排出面糊内的空气，然
后放入 180℃的烤箱中（上层）烘烤 25 分钟。

9　脱模，带纸倒扣放在冷却网上（f），放凉后
装食品袋里。

＞倒扣冷却，能让蛋糕内部的湿润度和质地变得
更均匀。装入塑料袋里是为了防止蛋糕干燥。

<装饰>

10　制作甘纳许酱。巧克力隔水加热至融化，加入淡奶油、樱桃香甜酒，搅拌至便于涂抹的软硬度（g）。

> 为了防止风味变淡，隔水加热的时候需要注意不要超过40℃。

11　制作糖浆。锅内装入水和绵白糖开火加热，沸腾以后从火上取下。冷却后加入樱桃香甜酒。

12　分别从海绵蛋糕的上下表层切掉1cm左右厚的蛋糕体，将其平均分为3片（h）。

> 上卜表层的蛋糕体比较硬一些，所以可以先切掉。如果有厚度1cm的木条，可以放在两侧。这样可以保证蛋糕体的厚度均匀。

13　把蛋糕体放在裱花台上，用刷子在表面涂抹糖浆（i），然后取1/4量的甘纳许酱，薄薄地涂抹在蛋糕表面上（j）。

14　把第2片蛋糕体摆放在上面，然后重复第13步的操作。第3片蛋糕体也相同（k）。

15　用抹刀把剩余的糖浆和甘纳许酱涂抹在蛋糕侧面，然后表面抹平（l）。完成后在表面撒一些可可粉（配方外）。

Fruitcake

水果蛋糕

拌入被朗姆酒长时间腌渍的水果干，味道别具一格。新鲜出炉，热气腾腾，放置几日之后味道会更加浓厚。在干燥阴冷的地方，保质期可长达1个月的时间。也就是说，1个月之内可以每天都慢慢享受呢。

> 制作方法请参考 P.82

大理石蛋糕

原味面糊和可可面糊混合在一起，做成大理石花纹，然后放入咕咕霍夫模具中烘焙而成。可可面糊中加入了巧克力，所以味道格外浓厚。在新鲜出炉的蛋糕上面撒一些糖粉，玉树银霜，格外高雅。

Marble cake

>制作方法请参考P.83

水果蛋糕

材料 16.5cm×7cm 的磅蛋糕模具 2 个

无盐黄油 150g

绵白糖 120g

鸡蛋（L）2½ 个（150g）

低筋面粉 170g

核桃 60g

朗姆酒渍水果

（如下）120g

杏仁片 适量

准备

· 黄油在室温环境中静置回软。

· 台面上铺一张烘焙纸，低筋面粉直接从较高的地方连续过筛 2 次。

· 绵白糖过筛 1 次。

· 核桃放入 180℃的烤箱中烘烤 6 分钟，压碎成适当大小。

· 在烤盘上铺好烘焙纸，烤箱提前预热至 180℃。

制作方法

1 盆内装入黄油，用打蛋器搅打至乳霜状（a）。

2 分 2 次加入绵白糖，每次加入后都要搅拌均匀。

3 将打散的蛋液分次少量地倒入混合（b），为了避免产生分离现象，每次加入后都要仔细搅拌混合。

> 产生分离现象会使风味和口感变差，关键是要分次少量地倒入。如果不小心产生分离现象，可以加入少许低筋面粉使其逐渐融合。

4 将低筋面粉分成 2 次加入，用刮刀大致混拌。

5 加入核桃和朗姆酒渍水果，混合后倒入模具中。

6 用刮刀将面糊抹开，并将模具两端的面糊抹得高一点儿（c）。杏仁片撒在表面，放入已经预热到 180℃的烤箱中烘烤 30 分钟。

> 只要让两侧的面糊抹得高一点儿，蛋糕烤好时中央就会膨胀起来，出炉后正好取齐。

朗姆酒渍水果

材料 便于操作的分量

土耳其产葡萄干 500g

加州葡萄干 500g

柳橙条 250g

朗姆酒 1.2L

制作方法

1 将葡萄干和柳橙条用温水洗净以后，用网筛捞起沥干水分（d）。

> 清洗后可去除附着在果干上的油脂等物质，使口感更好。

2 将 1 放入盆里（使用可以炉火加热的材质或锅子）开火加热，稍微炒干让水分蒸发（e）。

3 放凉后倒入朗姆酒（f），腌渍 1 周以上。

> 此次使用的是腌渍半年以上的酒渍水果。腌渍时间越长风味便越醇厚。

大理石蛋糕

材料　直径 18cm 的咕咕霍夫模具 1 个

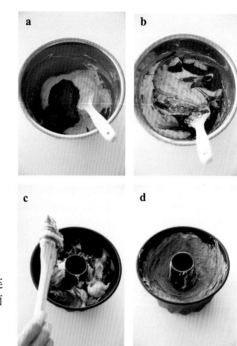

无盐黄油　200g
绵白糖　130g
鸡蛋（L）3 个
原味面糊
· 低筋面粉　145g
可可面糊
低筋面粉　35g
可可粉　20g
甜点制作用巧克力（甜味）　30g
糖粉 适量

准备
· 黄油在室温环境中静置回软。
· 台面上铺一张烘焙纸，低筋面粉直接从较高的地方连续过筛 2 次（制作可可面糊的时候，把可可粉和低筋面粉混合在一起过筛）。
· 绵白糖过筛 1 次。
· 将巧克力隔水融化备用。
· 烤箱提前预热至 180℃。

制作方法
1　盆内装入黄油，用打蛋器搅打至乳霜状。
2　将绵白糖分 2 次加入，每次加入后要分别搅拌均匀。
3　将打散的蛋液分次少量地倒入混合，为了避免产生分离现象，每次加入后都要仔细搅拌混合。
> 产生分离现象会使风味和口感变差，关键是要分次少量地倒入。如果不小心产生分离现象，可以加入少许低筋面粉使其逐渐融合。
4　取 1/4 分量的面糊放入另外一个盆里，将可可面糊用的粉类分成 2 次加入，用刮刀大略搅拌后，加入融化的巧克力混拌（可可面糊）。将低筋面粉分成 2 次加入剩下的 3/4 分量的面糊中，同样搅拌均匀（原味面糊）。
5　将可可面糊倒入原味面糊中（a），用刮刀搅拌 2~3 次，形成大理石花纹（b）。
> 由于倒入模具时还会再次搅拌，在此步骤只要轻轻混拌即可。
6　将面糊倒入模具中（c），用刮刀将面糊抹开，并把模具内壁四周的面糊抹得高一点儿，宛如黏附在模具的内壁（d）。放入已经预热到 180℃的烤箱烘烤 35 分钟。冷却后脱模，撒上糖粉。
> 为了避免蛋糕烤好时中央膨胀太高，要让模具内壁的四周面糊抹得高一点儿，出炉后正好取齐。

Rollcake

蛋糕卷

经典款蛋糕卷，是用海绵蛋糕包裹住打发淡奶油和水果。湿润蓬松的海绵蛋糕与打发淡奶油合为一体，口感相当顺滑。可以根据个人喜好选择水果，所以完全可以千变万化。

> 制作方法请参考 P.86

蛋糕卷

材料　25cm×25m×3cm（高）的纸模具 1 个

<海绵蛋糕>　　　　　　<打发淡奶油>
　无盐黄油 15g　　　　　淡奶油 200mL
　色拉油 比 1 大匙略少　　细砂糖 2 大匙
　牛奶 比 1 大匙略少　　<装饰>
　鸡蛋（L）2 个　　　　草莓 7 个（大）
　蛋黄（L）1 个　　　　猕猴桃 1 个
　绵白糖 60g　　　　　　糖粉 适量
　低筋面粉 60g

<糖浆>
　水 25mL
　绵白糖 12g
　朗姆酒 1/2 大匙

准备
· 台面上铺一张烘焙纸，低筋面粉直接从较高的
地方连续过筛 2 次。
· 将制作海绵蛋糕用的绵白糖过筛 1 次备用。
· 用报纸制作纸模具（P.95），然后在里面铺好
烘焙纸（可用油纸代替）。
· 在烤盘里倒入热水，放入烤箱下层，预热至
200℃。

制作方法
1　盆内放入黄油、色拉油、牛奶，隔水加热至完
全融化（也可用微波炉加热至融化）。
2　另取一盆，放入鸡蛋、蛋黄、绵白糖，用打蛋
器轻轻搅拌混合。
3　将 2 隔水加热（加热到人体温度后取出），然
后用电动搅拌器高速挡一气呵成搅打（a）。
>冰冷的鸡蛋不易打发，面糊膨胀的情况也会变
差，要借由隔水加热让面糊变得容易膨胀。
4　将面糊搅打至拉起后可在搅拌器上稍微停留的
软硬度后（b），把打蛋器调整为低速挡，然后继
续慢慢搅打 1 分钟，调整面糊的细致度。
5　将过筛的低筋面粉一边筛入 4 里（c），一边
用刮刀搅拌。
6　在 1 的盆里加入一大铲 5 的面糊，充分混拌均
匀。
7　将 6 用刮刀一边接着，一边一点点慢慢地倒回
5 的盆里（d）。接着用大范围的方式混拌（e）。

8　将面糊倒入模具后放在烤盘上，敲打烤盘底部
敲打 2~3 次，排出面糊内的空气，接着放入已经
预热到 200℃的烤箱中（上层）烘烤 8 分钟。烤
好后脱模，模连纸模一起倒扣，放在冷却网上放凉。
>倒扣冷却，能让蛋糕内部的湿润度和质地变得
更均匀。

<装饰>

9 制作糖浆。锅内装入水和绵白糖，点火加热。沸腾以后从灶台取下，放凉后加入朗姆酒。

10 将海绵蛋糕的烘烤面朝上放在纸上。用小刷子涂抹糖浆。

11 在靠近自己这一侧的半片蛋糕上，用面包刀每隔 2cm 便轻轻划上一条切痕，以便于包卷（f）。

12 在淡奶油里加入细砂糖打至 8 分发，并在靠近自己这一侧的 3/4 片蛋糕上涂满打发淡奶油（g）。

13 草莓去蒂，将大颗的草莓对半切开。猕猴桃去皮后切成一口大小。在靠近自己这一侧的蛋糕排放上草莓和猕猴桃（h）。

14 拿起靠近自己这一侧的纸（i），紧实地包卷起来（j）。

15 将蛋糕卷的接缝处朝下摆放（k），放入冰箱冷藏 1 小时以上（接缝处要用胶带牢牢贴住固定）。拆掉包覆的纸张，最后撒上糖粉。

圣诞树干蛋糕

圣诞夜的奢华点缀，看起来宛如锯下的树干一般。海绵蛋糕中包裹着打发淡奶油，外面使用了巧克力奶油酱装饰。味道层次分明。是一款蛋糕卷的进阶作品。

Bûche de Noël

材料　25cm×25m×3cm（高）的纸模具 1 个

< 海绵蛋糕 >
无盐黄油　15g
色拉油　比 1 大匙略少
牛奶　比 1 大匙略少
鸡蛋（L）　2 个
蛋黄（L）　1 个
绵白糖　60g
低筋面粉　60g

< 糖浆 >
水　25mL
绵白糖　12g
朗姆酒　1/2 大匙

< 巧克力奶油酱 >
甜点制作用巧克力（甜味）　40g
牛奶　1½ 大匙
淡奶油　150mL

< 打发淡奶油 >
淡奶油　100mL
细砂糖　1 大匙

< 装饰 >
杏仁糖膏制作的刺猬（P.91）和蘑菇　适量
巧克力片、糖粉　各适量

准备
·台面上铺一张烘焙纸，低筋面粉直接从较高的
地方连续过筛 2 次。
·将制作海绵蛋糕用的绵白糖过筛 1 次备用。
·用报纸制作纸模具（P.95），然后在里面铺好
烘焙纸（可用油纸代替）。
·在烤盘里倒入热水，放入烤箱下层，预热至
200℃。

制作方法
< 海绵蛋糕 >
参考 P.86 "蛋糕卷" 的制作方法制作海绵蛋糕。

< 装饰 >
1　制作糖浆。锅内装入水和绵白糖，点火加热。
沸腾以后从灶台取下，放凉后加入朗姆酒。
2　将海绵蛋糕的烘烤面朝上放在纸上。用小刷子
涂抹糖浆。
3　在靠近自己这一侧的半片蛋糕上，用面包刀每
隔 2cm 便轻轻划上一条切痕，以便于包卷。
4　在淡奶油里加入细砂糖打至 8 分发，并在靠近
自己这一侧的 2/3 片蛋糕上涂满打发淡奶油。

5　拿起靠近自己这一侧的纸，紧实地包卷起来。
6　将蛋糕卷的接缝处朝下摆放，放入冰箱冷藏 1
小时以上（接缝处要用胶带牢牢贴住固定）。
7　拆掉包覆的纸张，斜向切掉蛋糕卷端部（a）。
8　制作巧克力奶油酱。盆内装入巧克力和牛奶，
隔水加热融化（请注意温度不要高于 40℃）。另
取一盆放入淡奶油打至 6 分发，加入巧克力和牛
奶继续搅打成乳霜状为止。
9　将巧克力奶油酱填入裱花袋中（单边呈锯齿状
的裱花嘴 P.95）里挤出来（b）。
10　将步骤 7 切下的蛋糕放在蛋糕卷上（c），让
整体看起来像锯下的树干（d），切口则用牙签画
出螺旋状（e）。放上杏仁糖膏制作的刺猬、蘑菇
和巧克力片，如果有的话，也可放上树叶或红醋
栗等装饰，最后撒上糖粉。

杏仁糖膏装饰的制作方法

杏仁糖膏可以通过切割、揉捏的方式，自由地制作出动物、花以及娃娃等造型，用来当作装饰蛋糕的材料。颜色是接近奶白色，不过也可以混合可可粉、抹茶粉或是食用红色色素等。装饰上杏仁糖膏，蛋糕便会瞬间变得华丽，配合节庆使用也颇具妆点效果。本书介绍的草莓鲜奶油蛋糕（P.39）中的娃娃，以及圣诞树干蛋糕（P.88）中的刺猬和蘑菇，都是使用杏仁糖膏制作的。不需要抱着要将杏仁糖膏装饰做得很完美的想法，最重要的是一边想着对方享用时的笑容，一边开心地制作。全家人一起动手做也很不错，可以像玩黏土一样，重拾天真无邪的童心。

制作方法

1 取出适量的杏仁糖膏，分次少量地各加入可可粉、抹茶粉或食用红色色素等揉搓混合，给杏仁糖膏染上自己喜欢的颜色。

2 用手捏出喜爱的形状，将各部位加以组合完成。动物或娃娃的脸可用竹签或牙签蘸上巧克力或食用红色色素描绘。

本书用来为杏仁糖膏染色的是抹茶粉（绿色）、可可粉（棕色）、食用色素（红色、黄色）等4种颜色，请配合制作的杏仁糖膏装饰使用。

将杏仁糖膏蘸上食用红色色素（或是抹茶粉、可可粉），然后揉搓混合。如果颜色太浅，还可以继续少量蘸取、任意调整成自己喜欢的颜色浓度。

完成刺猬的身体后用竹签等刺起，按顺序蘸取融化的巧克力、巧克力米等黏附在四周。

女儿节娃娃（P.39）

充满手作感的质朴娃娃。身体和脸部以原色的杏仁糖膏捏出形状，依序贴上用黄色、绿色（红色）做成的服装，再用棕色制作头发。贴上黄色做成的头冠、扇子及长柄勺，并用巧克力或食用红色色素描绘出五官。

刺猬（P.88）

利用巧克力米做成身上的刺，充满可爱感的刺猬。身体和脸部用原色杏仁糖膏捏出形状，切开松子当作耳朵。用竹签插住，在整体蘸上融化的巧克力、巧克力米，再用巧克力描绘出五官。

花朵

简约的花朵装饰能为蛋糕增添华丽的色彩。请试着自由变换颜色的组合，用红色做出5朵花瓣粘贴起来，并在中间贴上黄色，也可依个人喜好利用抹茶绿色制作出叶子或根茎粘贴上。

爱心、礼物盒

将礼物盒或爱心装饰在情人节蛋糕或生日蛋糕上，您觉得如何呢？礼物盒是以原色的杏仁糖膏捏出立方体，再用红色或抹茶绿色制作出缎带装饰。制作一堆小爱心排列在上面也很不错。

所需材料

由于材料只使用最低限度的分量，所以尽量选择优质商品。

戚风蛋糕

* 低筋面粉
使用日清花面粉或紫罗兰面粉等容易购得的商品即可，制作蛋糕专用的面粉可以让蛋糕风味更佳。

* 鸡蛋
使用L尺寸（净重约为60g）的鸡蛋。制作蛋白霜的时候，要特别留意温度管理。夏季时，使用刚刚从冰箱冷藏室取出的鸡蛋。冬季时，使用常温鸡蛋即可。

* 细砂糖
为了制作出戚风蛋糕的轻盈口感，应该选择容易与面糊混合在一起、充满优雅甜味的细砂糖。可以根据个人喜好调整甜度。

* 菜籽油
菜籽油会影响到甜点的风味，所以应该选择清爽且不会留下油味的菜籽油。除此之外，推荐使用红花油或玉米油。这类油品很容易氧化，建议尽快用完。

* 牛奶
加入牛奶以后，面糊的质地会更加丝滑，味道也会更加醇厚。如果不喜欢牛奶，可以换成水或豆浆。本店使用乳脂含量37%的纯牛奶。

乳制品

* 淡奶油
淡奶油能增添甜点的风味与浓郁感。制作面糊时，应该选择乳脂肪含量47%的淡奶油。制作装饰用打发淡奶油时，应该选择乳脂含量35%的淡奶油。

* 黄油
使用无盐黄油。加入黄油以后，可增加浓郁的风味。推荐使用以优质鲜乳制作的香醇黄油。

* 酸奶油
在淡奶油里加入乳酸菌发酵而成的乳霜状奶油。爽口的酸味正是其特征所在。非常适合用来制作乳酪蛋糕等清爽的甜点。

* 奶油奶酪
略有酸味、奶香十足的非熟成乳酪。用于制作冷藏式乳酪蛋糕（P.53）。不同厂家的制品，味道也有所差异。可以根据个人喜好选择。

砂糖

* 绵白糖
被广泛应用于各种料理当中。入口之后能带来滋润的口感，比细砂糖的甜味更加浓厚。

* 黄糖
黄糖的原材料为甘蔗，含有矿物质成分。没有红糖那样的独特味道，使用范围广泛。甜味恰到好处，口感顺滑流畅。

* 糖粉
由细砂糖磨成粉状的产品。撒在成品甜点上，营造浪漫优雅的风情。

坚果・水果干

* 葡萄干（加州葡萄干）
原材料为加州产无籽葡萄。长时间放置在日光下晒成深紫色，甜味厚重浓郁。

* 土耳其产葡萄干
风干时间较短，所以比加州葡萄干颜色浅。口感柔软是其特色，具备恰到好处的香气和甜味。

* 烘焙核桃仁
使用美国产核桃烘焙而成。不含盐和食用油，可以充分品尝到核桃本身的香味。可以混合在面糊中使用，也可单独用来做装饰。

* 带皮杏仁粉
使用无盐杏仁加工而成的杏仁粉。味道浓郁。混合其中的杏仁皮的味道特别强烈，成为点睛之笔。

* 杏仁片（烘焙）
杏仁被切成1mm薄片后烘焙而成。可以用来装饰成品，香气四溢，别具一番风味。

* 柳橙条
柳橙切碎之后用砂糖腌渍而成。带有淡淡的香气和隐约的苦味，会让甜点的味道更加有层次感。

点心制作用巧克力

* 甜味巧克力
风味单纯的甜味巧克力。可可成分为56%，口感滑顺，入口即化，带有扎实的苦味，用途广泛。

* 白巧克力
口感滑顺，入口即溶，带有温和牛奶风味的白巧克力。可可成分为40%，用来装饰冷藏式乳酪蛋糕（P.53）。

其他

* 寒天粉
寒天（把含有黏液质的石花菜等冷冻后干燥制成）磨成粉末状而成。用于制作果冻。推荐使用独立小包装。

* 香草荚
只要添加一点点就能散发香甜的香草味道，从而进一步强化甜点的味道。使用时将香草荚切开，刮出里面的香草籽。

* 杏仁膏
原材料为杏仁和砂糖。可以染成自己喜欢的颜色，或者做出自己喜欢的形状。用于装饰甜点。

* 樱桃香甜酒
樱桃发酵、蒸馏、陈酿而成的德国产白兰地。拥有轻盈的水果香味，非常适合用来烘托巧克力的味道。

* 朗姆酒
甘蔗发酵而成的蒸馏酒。可以直接加入面糊或淡奶油中，也可以涂抹在烤好的蛋糕上。绝对是增加甜点的风味不可或缺的一款材料。

戚风蛋糕的工具及模具

本书使用的全都是制作甜点蛋糕时的基本工具及模具。可以根据需要，选择不同款式。

戚风蛋糕的工具

* 基本模具

推荐使用热传导效率高的铝制模具。本书配方中涉及直径为17cm和20cm两种。书中涉及的烘烤时间，仅为使用铝模时所需的时间。使用纸模或经过氧化铝膜处理的模具时，需要适当延长几分钟。

* 盆

推荐选择有深度的盆。不仅面糊可以更好地聚焦在中心，也适合用来制作蛋白霜。不锈钢材质的盆，可以直接放在火上加热，很方便。最好同时准备几个大小不同的盆。

* 刮刀

从卫生层面考虑，推荐使用硅胶材质，手柄头部一体的胶板。准备2把，1把用来制作蛋白霜、1把用来制作面糊，确保操作顺利。建议选择弹性良好的制品。

* 打蛋器

推荐选择把手粗细适中、头部钢丝数量比较多的烘焙专用打蛋器。这样的打蛋器更加适合用来混合材料。长度各异，标准为30cm。可以根据盆的大小来确定打蛋器的长度。

* 电动搅拌器

如果使用一般打蛋器来制作蛋白霜，往往需要花费大量时间。所以还是用电动搅拌器吧。推荐选择功率较强、搅拌头较大的机型。

* 滤网

滤网的款式繁多，但是推荐选择有把手的滤网。滤网的网眼不要太小。否则，一旦网眼被堵上就很难清洗。

* 电子秤

制作甜点的时候，一定需要有一台精确度可达1g的电子秤。使用电子秤前，首先去掉容器重量，然后逐一向盆内添加材料，非常方便。

* 竹签·戚风脱模刀·抹刀

戚风蛋糕烤好时，用来将蛋糕脱模的工具。模具外侧使用抹刀，中间的筒状周围则用戚风脱模刀或竹签插入模具和蛋糕之间使其脱模。

* 面包刀

用来切分戚风蛋糕。戚风蛋糕的质地松软，就好像面包一样。所以应该选择切面包的专用工具。使用时用前后推拉的方式切割戚风蛋糕，可以确保完美的蛋糕切口。

模具与裱花嘴

* 挞模（浅）
20cm 的法式洋梨挞（P.64）和南瓜挞（P.65）中，都使用了这款模具。使用活底模具脱模时操作方便，浅挞模可以享受薄挞恰到好处的酥脆口感。

* 挞模（深）
18cm 的蓝莓挞（P.56）和樱桃克拉芙缇（P.57）中，都使用到了这款模具。需要加入大量打发淡奶油或水果的时候，推荐使用深型模具。同样，推荐使用活底模具。

* 圆形模具
18cm 的冷藏式乳酪蛋糕（P.53）、法式巧克力蛋糕（P.68）和巧克力蛋糕（P.77）中，都使用到了这款模型。不粘模具比较便于脱模，推荐初学者使用。

* 咕咕霍夫模具
法国传统糕点"咕咕霍夫蛋糕"所使用的模具。中间的孔洞形状与周围蜿蜒的花纹都非常别具一格。18cm 的大理石蛋糕（P.81）中，使用到了这款模具。

* 天使蛋糕模
用于制作天使蛋糕和芭芭露。18cm 的草莓芭芭露（P.47）和胡萝卜果冻（P.62）中，使用到了这款模型。建议使用便于脱模的模具。

2 沿着折线折叠

1 剪出 6cm 的切口

3 用订书器固定

* 纸模
本书中使用了 25cm 的正方形、25cm×29cm 的长方形纸模。2~3 张报纸叠放在一起剪开（边长 + 上下左右各 6cm），将 4 个角剪开往内折 3cm，把角的部分重叠，用订书器钉固定。

* 磅蛋糕模具
使用 24cm×7cm 的香蕉蛋糕（P.70）、苹果蛋糕（P.71）和 16.5cm×7cm 的水果蛋糕（P.80）中，使用到了这款模具。虽然有各种材质的模具，推荐使用导热性能比较高的马口铁制模具。

* 裱花嘴
裱花嘴的款式相当多，可以根据个人喜好单独选择。可以画出波浪线（左），在需要挤出简单直线时相当好用。星形裱花嘴（右）则用于制作装饰。

作者介绍

青井聪子（AOI SATOKO）

她在2000年移居至日本镰仓的同时开设了咖啡馆，该店所推出的蛋糕深受大众好评。作者以自学方式不断研究戚风蛋糕的做法，2003年开设了戚风蛋糕专卖店。

店内制作的具有季节感的糕点产品非常受欢迎，有杂志、电视台等众多媒体的相关采访报道。亦被认可为镰仓当地的推荐伴手礼，并在蛋糕店附近设有甜点教室。简单易懂又详细地指导在学生中拥有良好的口碑，除了日本国内，还有许多来自国外的学生。著有《好吃戚风蛋糕轻松上手》等书。

* 照片　宫滨祐美子
* 样式　池水阳子
* 设计　茂木隆行
* 编辑助理　矢泽纯子
* 校对　西进社
* 调理助理　池田由纪子、井泽珠世、远藤纪子、久保阳子、佐藤智子、山村祐子
* 材料提供 富泽商店